Das Buch

Radschrauben immer möglichst fest anziehen? Klar, das Rad soll ja halten, oder? Ein Damenstrumpf ersetzt den Keilriemen – sagte man zumindest immer. Und heißt es nicht, mit 0,5 Promille Alkohol im Blut sei man rechtlich auf der sicheren Seite? Dies sind nur ein paar der populären Missverständnisse, denen das Autorenpaar dieses Lexikons auf den Grund geht – wobei Radiomoderatorin Patricia Pantel zu denen gehört, die manchen Irrtümern gerne schon mal aufsitzen, während Autopapst Andreas Keßler es sich zur Aufgabe macht, für Aufklärung zu sorgen. Denn wer erst einmal weiß, dass man ein neues Auto nicht mehr mit Samtgasfuß einfahren muss, Inspektionen nicht zwingend teure Vertragswerkstätten auf den Plan rufen und selbst größere Dellen nicht unbedingt eine Neulackierung erfordern, schont seine Nerven und seinen Geldbeutel. Das gilt auch für jene, die sich über die landläufigsten Irrtümer aus dem Straßenverkehrsrecht im Klaren sind, bevor sie sich mit Polizei, Versicherungen und anderen Verkehrsteilnehmern anlegen.

Die Autoren

Andreas Keßler ist Journalist und Maschinenbauingenieur. Wenn er nicht gerade im Blaumann unter irgendeinem Auto liegt, tritt er im Fernsehen auf (etwa als Kfz-Fachmann bei *WiSo* im ZDF und in *Hier ab vier* im MDR) oder ist auf *radio eins* (RBB) in der sonntäglichen Sendung *Die Sonntagsfahrer* zu hören.
Patricia Pantel ist Politikwissenschaftlerin und Journalistin. Wenn sie sich nicht gerade um die Malaisen ihres alten Minis kümmert, arbeitet sie als Redakteurin, Moderatorin und Reporterin fürs Radio und Fernsehen (RBB, WDR, HR, Deutschlandradio, ARD, ZDF). Auf *radio eins* (RBB) moderiert sie jeden Sonntag mit Andreas Keßler *Die Sonntagsfahrer*.

In unserem Hause ist von Andreas Keßler bereits erschienen:
Fährt man rückwärts an den Baum, verkleinert sich der Kofferraum

Andreas Keßler
Patricia Pantel

Lexikon
der Auto-Irrtümer

Von Damenstrümpfen, Stotterbremsen
und anderen Dingen, die man sich und seinem Wagen
ersparen sollte

Ullstein

Besuchen Sie uns im Internet:
www.ullstein-taschenbuch.de

Die Angaben und Ratschläge in diesem Buch sind von den Autoren
und vom Verlag sorgfältig erwogen und geprüft; dennoch kann
eine Garantie nicht übernommen werden. Eine Haftung der Autoren
bzw. des Verlags und seiner Beauftragten für Personen-, Sach-
und Vermögensschäden ist ausgeschlossen.

Originalausgabe im Ullstein Taschenbuch
1. Auflage April 2012
© Ullstein Buchverlage GmbH, Berlin 2012
Umschlaggestaltung: ZERO Werbeagentur, München
Titelabbildung: FinePic®, München
Abbildungen im Innenteil: Fotolia (© GiZGRAPHICS)
Gesetzt aus der Gill Sans/Scala
Satz: KompetenzCenter, Mönchengladbach
Papier: Pamo Super von Arctic Paper Mochenwangen GmbH
Druck und Bindearbeiten: CPI – Ebner & Spiegel, Ulm
Printed in Germany
ISBN 978-3-548-37432-1

Inhalt

Recht und Gesetz

Vorgespräch

Patricia: So, dann leg mal los.

Andreas: Nee … Ladies first.

Patricia: Aber DU bist der Autopapst, und es geht in diesem Buch nun mal um Autos. Also fängst du an!

Andreas: Ja, stimmt …. Aber sag dann nicht wieder, ich sei unhöflich und ein Rüpel. Bin ich nämlich nicht. Guck, sinnbildlich halte ich dir sogar die Tür auf.

Patricia: Vielen Dank! Also, mein Name ist Patricia Pantel, und ich mag Autos. Also nicht so doll im Sinne von »Ich leg mich direkt unter jeden Wagen, der mir vor die Nase kommt«, aber ich würde schon sagen, dass ich Autos wirklich gut finde. Nicht nur aus praktischen Gründen, sondern auch, weil ich Auto fahren an sich gut finde. Tatsächlich glaube ich, dass ich sogar Rennfahrerin geworden wäre, wären ein paar Weichen in meinem Leben anders gestellt gewesen – wenn beispielsweise meine Mutter mir nach bestandenem Führerschein öfter ihr Auto geliehen hätte, anstatt immer zu sagen: »Du, echt gerne. Aber ich hab gerade so 'nen guten Parkplatz …«

Andreas: Was heißt »Du *wärst Rennfahrerin geworden*«! Wer von uns rast denn in jede Radarfalle? Da darf die Menschheit dankbar sein, dass deine Mutter immer so gute Parkplätze hatte!

Patricia: Haha … Aber ich hatte dann später ja doch noch richtig Glück im Leben – denn ich habe dich getroffen!

Andreas: Ja, ich erinnere mich noch genau: Es war in der Hitze des Sommers 2006 – erste Besprechungen für ein neues Radio-Auto-Magazin. Du saßt da mit Baby im Arm, und mir fuhr durch den Kopf: »Die??«

Patricia: Und ich dachte mir: Was für ein Clown nennt sich eigentlich »Autopapst«?

Andreas: Der Name ist nicht von mir, du brauchst mir also keine maßlose Selbstüberschätzung vorwerfen. Eigentlich war es ein Kollege von uns, seines Zeichens Fotograf bei der *Berliner Morgenpost*, der anlässlich einer »Außensendung« in einer riesigen Menschenmenge nach mir suchte und genau hinter mir stand, ohne es zu wissen. Dabei murmelte er: »Wo ist der denn nun, dieser Autopapst …« So schnell wird man zur Marke.

Patricia: Ich fand dich dann ja auch ganz nett. Und lustig, dass gerade ich – die ich Autos zwar mag, aber auch denke: Ein gutes Auto erkennt man an der Farbe – mit dir eine Autosendung machen sollte.

Andreas: Aber genau das war und ist ja der Clou der »Sonntagsfahrer«: You've got the look, I've got the tools. Ich hab Ahnung von Autos und du nicht!

Patricia: Danke, das hast du wirklich toll zusammengefasst. Ich würde ja eher sagen: Du bist ein Freak, und ich erde dich!

Andreas: Genau, du holst die Radiohörer da ab, wo ich sie fallen lasse. Also, im übertragenen Sinne …

Patricia: Gern geschehen. Kommen wir zu den Autos. Meine diesbezügliche Vita ist überschaubar: Ich hatte in meinem Leben eine Ente (die mir meine Mutter trotz der »guten Parkplätze« irgendwann tatsächlich vermachte), einen Mini, dann noch einen Mini und jetzt – einen Mini. Ende. Jetzt du – was hat der Autopapst zu bieten?

Andreas: Wenn du eine Liste aller meiner Autos erwartest: Vergiss es! Ich habe schon Mitte der 80er mit dem Zählen aufgehört. Mein erstes Auto überhaupt war eine Isetta. Die gehörte meinem Onkel und war das Vehikel, mit dem ich zur Taufe gefahren wurde. Anschließend fuhr ich in Käfern, NSU »Prinz«, Opel Rekord und so manchem Mercedes und sogar im Porsche 356 B meines Onkels – das war wahrscheinlich der Nukleus meiner Autopapstwerdung. Mein erstes eigenes Auto war ein VW 1300, Baujahr 69, mit roten Kunstledersitzen, der in der Farbe »Chinchilla-Beige« lackiert war. Ein Geschenk meines Opas, weil ich bis 18 nicht mit dem Rauchen angefangen habe. Das hält übrigens bis heute vor.

Patricia: Und der Käfer?

Andreas: Den hatte ich nach sechs Monaten so kaputt repariert, dass ich ihn verkaufen musste. Von dem Geld kaufte ich mir dann einen dunkelblauen Opel Rekord C Caravan. Der hielt allerdings auch nicht besonders lange …

Patricia: Und was hast du jetzt für ein Auto?

Andreas: Fahren würde ich am liebsten mit meiner Mercedes G-Klasse von 1984, aber die ist seit ewigen Zeiten ein Pflegefall: Erst sollte nur an der Hinterachse eine neue Bremsleitung verlegt werden, inzwischen bin ich am Vorderachsdifferential angekommen ... Wenns warm wird, hol ich mein 3er-BMW-Cabrio raus. Dann hab ich noch einen Golf 2, aber den hebe ich für meine Tochter auf. Gleich dahinter steht der Golf GTI, mit Getriebe-Schaden, an den ich mich irgendwie nicht rantraue. Und der Peugot 205 GTI braucht einen neuen Zahnriemen ... Außerdem gibt es da noch irgendwo einen MGB GT, der gerne als »poor man's Aston Martin« bezeichnet wird. Meiner allerdings ist komplett pures Eisenoxid – völlig verrostet! Deshalb fahre ich momentan einen Golf 5. Mit Autogas als Treibstoff.

Patricia: Und all diese Autos stehen in einer riesigen alten Garage im Brandenburgischen – und außerdem noch so ungefähr zwanzig weitere. Ich würde ja Auto-Friedhof dazu sagen. Du aber nennst das ...

Andreas: ... leicht patinierte Privatsammlung.

Patricia: Ich persönlich glaube sogar, dass in den Tiefen deiner Halle noch einige völlig vergessene Vehikel stehen, die quasi schon eins mit dem Mauerwerk geworden sind.

Andreas: Stimmt nicht. Ich erinnere mich an jedes einzelne. Persönlich und mit Namen. Alle meine Autos werden regelmäßig von mir besucht! Der Autopapst kümmert sich um seine Schäfchen.

Patricia: Wieso bist du eigentlich so ein Autoauskenner? Ich werde das immer wieder gefragt: Was hat der Autopapst eigentlich gelernt? Ist der Automechaniker?

Andreas: Nein, mein »Zivilberuf« ist Maschinenschlosser. Die grundsolide Ausbildung war nach dreijähriger Lehre die Basis der späteren Meisterprüfung und des krönenden Maschinenbau-Studiums. Selbiges wurde mit Autogeschäften jeder Art finanziert, über deren Details ich trotz der inzwischen eingetretenen Verjährung den Mantel des Schweigens breiten möchte. Diese Zeit war unheimlich lehrreich, in jeder und vor allem automobiltechnischer Beziehung.

Patricia: Bringst du deshalb immer diesen Spruch: »Ein Auto ist auch nur ein Mensch?« Der ist ja auf den ersten Blick lustig, auf den zweiten Blick aber auch irgendwie beängstigend. Denn ganz ehrlich: Ein Auto ist vielleicht praktisch, schick oder schnell oder kaputt – aber definitiv kein Mensch!

Andreas: Eben doch! Zwar keiner wie du und ich, aber oft schon eine Art Familienmitglied – und zwar ein teures. Und intelligenter als viele Menschen scheinen die Autos auch noch zu werden, wenn es so weitergeht mit der Entwicklung. Das will heute natürlich keiner glauben – aber die Geschichte des Automobils und des Autofahrens ist ja auch so schon eine Geschichte voller Irrtümer. Und ich weiß, wovon

ich rede: Ich befinde mich jetzt seit 35 Jahren in einer Auto-
nutzer und -beobachterposition und stelle fest: Es wird total
viel Quatsch geglaubt und dann auch gemacht.

Patricia: Zum Beispiel: Ein gutes Auto erkennt man an der
Farbe?

Andreas: Oder: Nur ein neues Auto ist ein zuverlässiges
Auto. Oder: Mit dem Sprit von einer freien Tankstelle erreicht der Motor nicht seine voll Leistung. Oder: Warmlaufen lassen im Winter ist notwendig. Oder …

Patricia: Stopp! Das steht doch alles gleich in diesem Buch!

Andreas: Und was macht du eigentlich hier?

Patricia: Ich? Ich erzähl aus meinem Auto-Leben. Und das
ist ebenfalls – wie du gerade gesagt hast – eine Geschichte
voller Irrtümer. Und ich glaube, da werden sich viele wieder-
erkennen …

Rund ums Fahren

ABS und Bremsweg

Irrtum:

Fahrzeuge mit ABS haben grundsätzlich einen kürzeren Bremsweg.

Richtig ist:

Der Bremsweg ist mit ABS genauso lang wie ohne, aber nur, wenn die Fahrbahn griffig ist. Sand, Schnee und Eis hingegen können den Bremsweg mit ABS spürbar verlängern.

Als Mercedes-Benz die erste S-Klasse mit Antiblockiersystem auf den Markt brachte, war die Rede von der »Super-Bremse«. Wenig später meinte man sogar, mit ABS ausgestattete Autos mit »Achtung: ABS«-Aufklebern an der Heckscheibe kennzeichnen zu müssen, nach dem Motto: Super-Bremse = Super(kurzer) Bremsweg. Dieser Trugschluss hielt sich jahrelang – der wahre Nutzen des »Anti-Blockier-Systems« erschloss sich den meisten offenbar nicht.

Fakt ist aber: ABS sorgt in erster Linie dafür, dass der Wagen bei einer Vollbremsung manövrierbar bleibt. Der Bremsweg hingegen kann sogar länger sein als bei einem Auto ohne ABS.

Das hängt mit dem durch die ABS-Pumpe automatisch modulierten Bremsdruck zusammen: Bemerkt die Elektronik, dass ein oder mehrere Räder sich nicht mehr drehen, sondern blockiert über den Untergrund rutschen, gibt die ABS-Pumpe kurz die Bremse an den betroffenen Rädern frei, damit diese wieder rollen können. Das geschieht in Sekundenbruchteilen und dient der Lenkbarkeit des Autos. Denn rutscht ein Auto ohne ABS mit blockierten Rädern auf ein Hindernis zu, kann man am Lenkrad machen, was man will: Das Auto behält die Richtung bei und kracht schließlich in das, was gerade im Weg ist.

Mit ABS hingegen hat man eine sehr gute Chance, doch noch am Hindernis vorbei zu lenken und einen Unfall zu verhindern. Deshalb sollte jeder Autofahrer, der in Gefahr ist, mit einem anderen Auto oder sogar einem Menschen zu kollidieren, voll auf die Bremse treten. Und voll bedeutet voll: Das Bremspedal wird getreten, als wollte man es abbrechen. (Keine Sorge, das passiert nicht!) Nur so ist die maximale Verzögerung gewährleistet, und nur so kann das ABS möglichst früh mit seiner Regelei beginnen.

Das heftige Knarren und Pulsieren des Bremspedals ist übrigens absolut normal. Wem das komisch vorkommt, sollte es vorher einige Male auf einer ruhigen Straße ausprobieren, um sich daran zu gewöhnen.

Ob der Bremsweg mit ABS länger oder kürzer ist, spielt angesichts der deutlich besseren Kontrollierbarkeit des Autos nur noch eine untergeordnete Rolle.

Sinn und Unsinn der Stotterbremse

Irrtum:
*Bei Gefahr auf der Straße immer die gefühlvolle Stotter-
bremse einsetzen.*

Richtig ist:
*Die Stotterbremse trägt bei Fahrzeugen ohne ABS durch-
aus dazu bei, die Lenkfähigkeit eines Wagens zu erhalten.
Bei Autos mit ABS hingegen sollte man so fest wie möglich
aufs Bremspedal treten und es unbedingt durchgetreten
lassen, um der Gefahrenquelle ausweichen zu können.*

Wer in den 60er- und 70er-Jahren des vergangenen Jahrhunderts die Winterrallyes beobachtet hat, wundert sich
noch heute über die »fliegenden Finnen« wie Rauno Aalto-
nen oder Hannu Mikkola. Für diese Rallye-Piloten galten die
Gesetze der Physik offenbar nicht, schon gar nicht auf den
zugefrorenen finnischen Seen. Wo unsereiner kaum aufrecht
laufen könnte, sorgten diese Lenkrad-Asse für wahre Fabel-
zeiten – und zwar ohne ABS, ESP und Servolenkung

Sobald wir in Deutschland die ersten Frostnächte des
Jahres mit Schneefall und Glatteis haben, mutiert der Berufs-
verkehr regelmäßig zum Stau. In Nordeuropa hingegen wird
nicht einmal gestreut, und trotzdem kommen »Abflüge« in

eisglatter Kurve dort deutlich seltener vor als hierzulande. Warum? Man mag es kaum glauben, aber es hängt mit unserer fehlenden Routine im Umgang mit Eis und Schnee zusammen. Wer sechs Monate im Jahr auf geschlossener Schneedecke unterwegs sein muss, kennt sich mit dem Abbruch des Fahrbahnkontaktes einfach besser aus als ein deutscher Schönwetterfahrer.

Dabei ist es eigentlich ganz einfach: Jede Fahrbahnoberfläche hat eine »Grenzgeschwindigkeit«, bis zu der die Reifen eines Autos noch Grip (also Haftung) aufbauen. Ist diese überschritten, können weder Antriebs- noch Brems- noch Lenkbefehle wirksam in Richtungsänderungen umgesetzt werden. Je höher die Kräfte sind, die es auf die glatte Fahrbahn zu übertragen gilt, desto eher ist der sogenannte »Kraftschluss« zwischen Reifen und Fahrbahn überfordert.

»Na und«, wird nun mancher entgegnen, »dann geht es eben nicht so schnell vorwärts wie sonst.« Und das ist ja in der Tat nicht so schlimm – anders als beim Bremsen. Denn wenn der Beschleunigungsvektor in die entgegengesetzte Richtung zeigt, kann es brenzlig werden: Ohne Fahrbahnkontakt werden nämlich auch keine Bremskräfte übertragen. Weil auf vereister Straße das Auto mit blockierten Reifen auf einem Wasserfilm (der sich zwischen Reifenlauffläche und Eisoberfläche bildet) gut geschmiert in der ursprünglichen Richtung weiterrutscht, verringert sich die Geschwindigkeit auf glattem Untergrund nur geringfügig, so dass der

Baum, der Vordermann oder die Fußgängergruppe beängstigend schnell näher kommt – trotz vollem Einsatz am Bremspedal.

Also bleibt einem nur noch, um das Hindernis herumzulenken (wenn man kann und dazu genügend Platz ist!). Doch auch um die Lenkbefehle vom Lenkrad auf die Vorderräder übertragen zu können, brauchen diese vor allem – Grip! Und den haben Sie – zum Beispiel auf Eis – gerade nicht. Das Auto rutscht, weil es keinen Kontakt zur Fahrbahnoberfläche hat und die Räder stillstehen; und solange die Räder sich nicht drehen, können sie auch keine Lenkbefehle umsetzen.

Was tun? Richtig, der Fuß muss von der Bremse, damit sich die Räder wenigstens kurz wieder drehen und ein Lenken überhaupt möglich ist. Die Älteren unter uns kennen diese Technik unter dem Begriff »Stotterbremse«. Allerdings – und hier wären wir wieder bei den »fliegenden Finnen« – muss man diese Fahrtechnik üben, üben und nochmals üben, damit sie in Fleisch und Blut übergeht ... Lag es an den komplexen physikalischen Zusammenhängen, dem fehlenden Schnee oder der anderen Nationalität? Jedenfalls war die Stotterbremse zwar bald in aller Munde, und Fahrtechniker wurden nicht müde, sie zu empfehlen, aber so richtig durchgesetzt hat sie sich in unseren Breitengraden nicht. Vielleicht wurde das Antiblockiersystem (ABS) nur deshalb erfunden, denn unter dem Strich ist es nichts anderes als eine automatische Stotterbremse, die – natürlich –

alles viel besser kann als der möglicherweise von einem schreckensstarren Fahrer eingesetzte Bremsfuß.

Deswegen gilt, in jeder Situation, die eine Vollbremsung erfordert, bei einem Fahrzeug ohne ABS die Stotterbremse zu praktizieren. Bei Autos mit ABS muss man jedoch volle Sahne das Bremspedal durchtreten. In beiden Fällen erreicht man eine den Umständen entsprechende maximale Bremskraft bei voller Manövrierfähigkeit. Bei einem mit ABS ausgerüsteten Auto zu »stottern« wäre kontraproduktiv und würde die Wahrscheinlichkeit eines Crashs erhöhen.

ESP hält das Auto immer auf Spur – oder?

☞ Irrtum:

Mein Fahrzeug kann nicht mehr ausbrechen, denn es hat ESP.

👍 Richtig ist:

Die Grenzen der Physik kann auch das Stabilitätsprogramm nicht aushebeln.

Der Elch war seinerzeit in aller Munde: Am 21. Oktober 1997 kippte die damals neue A-Klasse von Mercedes bei einem Hindernis-Ausweich-Test in Schweden – dem seither sogenannten »Elchtest« – auf die Seite und blieb auf dem Dach liegen. Als Konsequenz dieses Desasters und der entsprechend verheerenden Presseberichterstattung über das mit viel Werbeaufwand gerade ins Leben gerufene neue Modell baute Daimler-Benz ab nun serienmäßig in alle neuen A-Klasse-Modelle jenes Programm ein, das zuvor nur gegen Aufpreis oder im Luxus-Segment zu haben war: das Elektronische Stabilitätsprogramm (ESP). Das war durchaus eine Zäsur in Sachen Fahrsicherheit: Das Fahrverhalten nicht nur der A-Klasse, sondern fast aller danach neu in den Markt gebrachten Automodelle auch anderer Hersteller profitierte davon deutlich. Wo früher manches Auto aufgrund zu starker Fliehkräfte bei einem Ausweichmanöver oder in einer scharfen Kurve unbeherrschbar wurde, greift seither die Elektronik regelnd ein und bremst oder beschleunigt einzelne Räder automatisch, bis sich das Fahrzeug wieder in stabilem Fahrzustand befindet.

Kritiker befürchteten anfangs, die Controller könnten aufgrund von ESP fortan versucht sein, Fahrsicherheit nicht mehr mechanisch ins Auto hineinzubauen, sondern hineinzurechnen – so dass selbst eine Postkutsche mit ESP zum Kurvenräuber mutieren könnte und der beste Porsche bei Ausfall der Elektronik so fahrstabil wie ein Flummi werden würde … Aber so einfach geht es dann doch nicht: Ein Auto mit schlechtem Fahrwerk wird auch durch ESP nicht zur Sänfte oder zum Handling-King. Sorgen bereitet den Unfallforschern vielmehr ein Phänomen, das seit wenigen Jahren auftritt: Die Gewöhnung an das ESP verführt so manchen Lenkradartisten zu waghalsigen Fahrmanövern, die er ohne ESP möglicherweise nie gewagt hätte, nach dem Motto: Das ESP wird's schon richten …

Doch die Physik gilt auch für Autos mit ESP: Werden bestimmte Querbeschleunigungen überschritten – etwa dann, wenn man eine Haarnadelkurve mit überhöhter Geschwindigkeit angeht –, reicht die Reifenaufstandsfläche nicht mehr aus, die entstehenden Flieh- und Beschleunigungskräfte auf die Straße zu übertragen. Dann mag das ESP an den Rädern regeln, was und wie viel es will, das Auto fliegt trotzdem in Richtung Prärie ab – in einer baumbestandenen brandenburgischen Allee meist mit fatalen Folgen.

Daher gilt: Auch mit ESP im Auto ist ein Fahrsicherheitstraining unbedingt empfehlenswert. Denn nur auf abgesperrten Trainingsflächen unter der sachkundigen Aufsicht eines Fahrsicherheitstrainers kann man probieren, wie das ESP wirkt. Im Ernstfall kann es dafür nämlich schnell zu spät sein …

ESP und der Abkürzungswahnsinn der elektronischen Fahrerassistenzsysteme

Fahren Sie auch ein Auto mit DTI? Oder hat Ihres vielleicht ACC? Auch EPC könnte vorhanden sein.

Hübsch auch: SOHC und RSC. ESP gehört da schon zu den bekannteren elektronischen »must haves«.

Hatte man früher Gas, Bremse, Kupplung, Blinker, Licht, eine Tank- und eine Temperaturanzeige, hat man heute AFL (Adaptive Forward Lightning), EPC (Electronic Power Control), ETC (Elektronische Traktionskontrolle) oder ACC (Adaptive Cruise Control).

Versteht kein Mensch. Oder weiß irgendwer, dass SOHC für Single Overhead Camshaft steht? Was zu Deutsch bedeutet: »Im Motor befindet sich eine einzelne, oben liegende Nockenwelle, die für das Öffnen und Schließen der Ein- und Auslass-Ventile sorgt.« Auweia, wie konnte ich bisher ohne SOHC auskommen? Wer hat bloß die ganze Zeit den Ein- und Auslass geregelt?

Oder: RSC, die Runflat System Component. Dahinter verbirgt sich eine Bereifung mit Notlaufeigenschaft bzw. ein System, das aus mehreren Merkmalen mit definierten Komponenten besteht. So heißt es in der Beschreibung: »(...) einem Reifen mit Notlaufeigenschaft (Run Flat Tyre, auch RFT genannt, zum Beispiel Dunlop Self Supporting Technology, DSST), einer Spezialfelge (Extended Hump, EH2), die das Abspringen des Reifens verhindert, sowie einer integrierten Luftdruckkontrolle (Reifenpannen-Anzeige, RPA). Alles klar?

Wessen Neugier jetzt noch am Leben ist, dem erkläre ich gerne auch noch PASM: das Porsche Active Suspension Management – ein System zur variablen elektronischen Stoßdämpferverstellung, das aktiv (active!) und kontinuierlich in Abhängigkeit von der Fahrsituation und Fahrweise die Dämpferhärte für jedes einzelne Rad automatisch der Fahrsituation anpasst. Ist klar: Braucht man!

Oder: IPS, das Intelligent Protection System, eine Kombination von Insassenschutzsystemen wie Seitenaufprallschutz und Airbags, die im Falle eines Unfalls aufeinander abgestimmt einzeln oder gemeinsam reagieren, um den bestmöglichen Schutz der Insassen zu gewährleisten. Natürlich unbedingt erforderlich. Wie konnten wir bisher nur ohne rumfahren?

HDC ist auch etwas Schönes: die Hill Descent Control, sprich die Bergabfahr-Kontrolle, bei der gezielte Bremssignale an die Räder gegeben werden, wobei mehr Bremskraft an die am Hang weiter unten liegenden Räder geht, das Fahrzeug also bei rutschigem Untergrund besser kontrollierbar wird. Der Fahrer, so heißt es in der Beschreibung, müsse nur noch lenken, um das Fahrzeug stabil und sicher den Berg hinunterzufahren. All die rutschigen Berge vor Augen, die man bislang unkontrolliert und nur mit schnöden Bremsen ausgestattet hinuntergerutscht ist, möchte man dieses HDC sofort haben, oder?

Die Liste absolut absurder, der Sicherheit des Fahrers aber angeblich ungemein zuträglicher elektronischer Zusatzkomponenten scheint schier unendlich. Die Autohersteller sind offenbar in einen Wettbewerb um die absonderlichsten Abkürzungen eingetreten. Man könnte sich zwar die Frage stellen, warum es beim Auto anders sein sollte als bei der Gesichtscreme mit dem einzigartigen Q10-Antifaltenwirkstoff für unendlich jugendliches Aussehen, bei der jeder vernünftige Mensch sofort denkt: »Ihr glaubt wohl, nur weil ich Falten hab, bin ich auch blöd...!« Aber ehrlich: Eine gewisse Begehrlichkeit wird hier wie dort geweckt. WIAH (Will ich auch haben) ist der spontane Reflex, TQDA (Totaler Quatsch das alles) die reflektierte Reaktion. Denn wer es hat, der HEPM (hat ein Problem mehr), schließlich ist an der EIWK (Elektronik immer was kaputt).

Mein Auto hat GKBBTT (Gas, Kupplung, Bremsen, Blinker, Tank-, Temperaturanzeige) und im Winter, wenn die Straßen matschig und verschneit sind, sogar Servolenkung. DR (Das reicht)! MfG

Fünfter Gang im Stadtverkehr?

☞ Irrtum:

Im Stadtverkehr nie im fünften Gang – das quält den Motor!

☝ Richtig ist:

Bei normalem Stadttempo ist der »große Gang« aus Umwelt- und Geräuschgründen durchaus sinnvoll! Die Getriebe von Serienautos sind seit zwanzig Jahren so übersetzt, dass die Motoren das aushalten. Faustregel zur Gangwahl: Geschwindigkeit geteilt durch 10 = Gang.

»Fünfter Gang in der Stadt? Nie! Da fährt man ja untertourig und ruiniert den Motor…« Dieser Irrtum ist einfach nicht auszurotten. Aber klipp und klar: Untertourig läuft ein Motor nur dann, wenn die Drehzahl unter der des Leerlaufs läge, also bei weniger als etwa 850 Umdrehungen in der Minute (U/min). Der »große Gang« reduziert die Motordrehzahl bei Stadttempo zwar um etwa 400 U/min, dennoch hat das Auto bei knapp über 50 km/h immer noch 1000 bis 1100 U/min auf dem Drehzahlmesser. Das ist technisch völlig unbedenklich und sogar gewollt. Anders nämlich ließen sich die strengen Verbrauchs- und Geräuschvorschriften in der Stadt gar nicht einhalten.

Die Bemühungen der Techniker bekommen allerdings immer öfter einen Dämpfer, weil die Politik ständig mehr Tempo-30-Zonen durchsetzt – und bei 30 km/h wäre die Übersetzung im fünften Gang wirklich deutlich zu lang. Der Motor würde nur noch brummen und den Wagen zu Bocksprüngen veranlassen. Ärgerlich ist, dass es sogar einige Kleinwagen gibt, die mangels Hubraum und Drehmoment in den Tempo-30-Zonen nicht mal mit dem vierten Gang ruckelfrei fahren können.

Bis sich Tempo 30 bei den Getriebeleuten in den Konstruktionsbüros durchgesetzt hat, hat die Politik wahrscheinlich schon wieder neue Ideen (und sperrt z.B. die Innenstädte völlig für den Autoverkehr…!). Doch im Augenblick ist Tempo 50 im Innenstadtbereich die Regel; und wer hier leise und spritsparend fahren möchte, sollte im fünften Gang dahinrollen. Dem Motor macht das nichts aus. Für die Autobahn bleibt dann bei manchen Modellen ja noch der sechste (der für den Stadtverkehr nun wirklich zu »lang« ist …).

Die Kasseler Berge sind gar keine richtigen Berge

Es mag Leute geben, die sofort alles und auch komplexe Zusammenhänge verstehen, in Physik immer gute Noten hatten und auch als Fahranfänger immer schon alles richtig gemacht haben. Wir zählen nicht dazu!

Führerschein gerade neu; der Fiat Panda bepackt mit allem, was zwei Mädchen für einen Südfrankreich-Urlaub so brauchen, also viel! Und dann, etwa eine Stunde nach Beginn unserer großen Reise, kamen sie: die Kasseler Berge. Auf der Autobahn schafft selbst ein vollgepackter Panda locker 130 km/h. Aber plötzlich wird er immer langsamer und langsamer. Schon überholen uns die ersten Lkw. Panik breitet sich im Auto aus. Südfrankreich ist noch über 1500 Kilometer entfernt ... Aufgeregtes Mädchengetuschel im Panda: »Du, ich glaube, hier stimmt was nicht!« – »Drück doch mal auf die Tube!« – »Mach ich doch die ganze Zeit, aber er fährt einfach nicht mehr.« Mittlerweile zuckelt der Panda nur noch mit 40 durch die Landschaft, wütend hupende Laster und Busse brausen an uns vorbei. Angst! »Komm, wir fahren erst mal auf den Seitenstreifen«, rät die eine. Gesagt, gefahren. Und da stehen wir nun und überlegen, ob wir Hilfe rufen, uns abschleppen lassen und den Urlaub sausen lassen müssen. Freibad in Hannover statt Côte d'Azur.

Aber hey, da soll noch mal jemand behaupten, Mädchen könnten nicht logisch denken, wenns drauf ankommt. Die allmähliche Verfestigung der Gedanken beim Reden mündete in der Schlussfolgerung: »Sag mal, wenn es bergauf geht, schafft der das vielleicht einfach nur nicht im 4. Gang?« Darauf die andere: »Ja, klar... wie beim Fahrradfahren. Vielleicht müssen wir einfach nur runterschalten...« So eine mechanische Ungeheuerlichkeit hatten die geneigten Fahranfängerinnen vom platten Land noch nie erlebt. Dort ging Autofahren so: Wenn's läuft, schaltet man hoch; runter erst wieder, wenn man bremst!

Schließlich sind wir also brav im zweiten Gang über die Kasseler Berge gejuckelt. Südfrankreich war super. Und in den französischen Serpentinen – wir waren ja klug geworden – sind wir gleich im ersten Gang durch... Der vierte Gang hatte da auch Urlaub!

Dazu der Autopapst:
Die beiden Damen im Panda hätten vielleicht lieber nicht den vierten Gang in den Urlaub schicken sollen, sondern ihren linken Fuß: Wenn dieser faul im Fußraum liegt, schaltet das Getriebe automatisch – im alten Panda sogar stufenlos... In der seinerzeit »Selecta« genannten Version arbeitete ein stufenloses Getriebe, das man schon aus dem DAF kannte: mit Schubglieder-

> *band und Magnetpulverkupplung. Selbst die Kasseler*
> *Berge wären ein Klacks gewesen; das Panda-Motörchen*
> *hätte allerdings ordentlich gejubelt ...*

Der Preis kurzer Wege

👎 Irrtum:

Wer nur ein paar Kilometer fährt, verbraucht nur wenig
Sprit!

👍 Richtig ist:

Der Motor verbraucht in der »Kaltlaufphase« überdurch-
schnittlich viel Sprit. Erst nach einigen Kilometern ist die
optimale Betriebstemperatur erreicht. Wer Sprit und Geld
sparen will, sollte Kurzstrecken lieber per Fahrrad oder zu
Fuß zurücklegen.

Grundsätzlich ist sicher jeder (oder fast jeder) bemüht, seine
Fahrleistung auf ein Minimum zu beschränken. Wer im Jahr
40 000 Kilometer fährt, braucht natürlich viel mehr Sprit als
jemand, der nur 20 000 Kilometer hinter dem Steuer sitzt.
Hat aber ein Fahrer eine Jahresfahrleistung von 8000 Kilometern, die er vor allem zwischen Hamburg und Hannover
auf der A7 abspult, während der andere nur 4000 Kilometer
im Jahr zurücklegt, diese allerdings vornehmlich zwischen

Wohnung, Supermarkt und Arztpraxis, dann kann die Sache deutlich anders aussehen. Wer schon einmal unmittelbar nach dem Kaltstart auf seinem Bordcomputer den Momentanverbrauch beobachtet hat, wird Folgendes gesehen haben: Im Kaltlauf verbrauchen normale Benzinmotoren acht- bis zehnmal so viel wie mit betriebswarmem Motor bei mittlerem Tempo auf der Landstraße. Der Bordcomputer zeigt dann Werte zwischen 60 und 70 Liter pro 100 Kilometer an! Das ändert sich zwar recht schnell, aber wer im Augenblick der Motordurchwärmung schon am Ziel ist und danach drei Stunden beim Arzt sitzt, hat anschließend einen weiteren Kaltstart mit exakt dem gleichen Horrorverbrauch. So können ohne weiteres Durchschnitts-Verbräuche von 20 Liter auf 100 Kilometer zustande kommen, obwohl das identische Auto des Nachbarn locker die 8-Liter-Grenze unterbietet, weil der es fast nur für lange Strecken nutzt.

Fazit: Kurzstreckenbetrieb ist Gift für Motor und Geldbeutel. Und: Wer öfter mal zu Fuß geht, wird merken, wie gut das tut.

Offroad zum Joggen

Er steigt ins Auto und fährt – 500 Meter. Bis zum Park. Parkt, steigt aus – und joggt! Auf entgeisterte Blicke entgegnet er: »Wieso? Ist doch ein Sport Utility Vehicle.« Grinst – das typische SUV-Grinsen. Nach dem man mit offenem Mund das Gehirn mit genügend Sauerstoff versorgt hat, fällt einem ein, wofür SUV wirklich steht: für »Super-unnützes Vehikel«. Eine Bereicherung des Verkehrslebens sind die Dinger wahrlich nicht, sondern eine Kompensation. Ein SUV ist kein Auto, sondern ein großes Spielzeug für Männer mit 'nem kleinen... Bei »Fahrzeugtyp« müsste im Fahrzeugbrief eigentlich »Schwanzersatz« stehen. Welcher Bewohner von Berlin-Mitte oder München-Schwabing bitte braucht so einen Geländepanzer? Es heißt zwar »Großstadtdschungel«, selbiger allerdings erfordert mitnichten ein Auto, das so tut, als sei es ein Jungle-Jeep. Das Großstadtgelände ist gemeinhin asphaltiert. Es gibt keine unwegsamen Unterholz-Strecken, und auch holprige Bergpisten halten sich in überschaubaren Grenzen. Das höchste der Gefühle ist ein Schlagloch.

Das SUV ist ein männliches Auto, und sein Vorkommen stetig steigend. Erschreckenderweise, denn nur Pseudo-Ranger, Möchtegern-Geländeerkunder und Latte-macchiato-Großstadtförster fahren damit herum. Alles Poser. Und mir kann niemand erzählen, dass der Großteil dieser SUV-Besitzer halbe Schweinehälften, erlegte Rehe oder unhandliches Feldwerkzeug in seinem Gefährt transportieren muss. Auch in zwischenmenschlicher Hinsicht ist der SUV-Fahrer eher zweifelhaft: Was für arme Seelen müssen das sein, die an der Ampel arrogant auf andere herablächeln, als mache allein schon die Sitzerhöhung sie größer.

Unschwer ist zu merken: Mein Herz für SUVs ist kalt. Spritschleuder, Poser-Auto, Parkplatzdieb sind noch meine liebevolleren Schimpfworte dafür. Diese Super-unnützen Vehicles brauchen Platz für zwei, verdecken einem die Sicht nach vorne, machen einem Angst im Rückspiegel, haben einen Luftwiderstand wie der Kölner Dom und saufen Sprit wie ein Mammut.

SUVs sind nichts für intelligente Verkehrsraumnutzer. Wären sie ein Deutschaufsatz, würde drunterstehen: Thema verfehlt! Die meisten SUVs, denen ich begegne, sind jedenfalls nicht mit Schlammspritzern bedeckt, sondern glänzen wie ein poliertes Swarovskijuwel und wirken weder sportlich noch nützlich. Die einzig gültige Schlussfolgerung: Die meisten haben das Gefährt einfach zum Spaß – als Spielzeug eben. Und es ist ihnen nicht mal peinlich, denn der geneigte SUV-Fahrer faselt dann gerne was vom »Kind im Manne«, das diese Autos angeblich wecken ... SUV: Spaß und Vollgas!

Einlaufphase

☞ Irrtum:
Ein neuer Motor ist noch nicht perfekt lauffähig. Während der ersten 5000 Kilometer ist deshalb ein behutsamer Umgang mit dem Gaspedal und ein zusätzlicher Ölwechsel nötig.

☞ Richtig ist:
Der Stand der Technik ist so weit fortgeschritten, dass laut den Bedienungsanleitungen aller namhaften Autohersteller ein »Einfahren« des neuen Motors unnötig ist.

»Nehmen Sie vor der ersten Fahrt mit Ihrem neuen Wagen den Filter aus dem Ansaugrohr und bewegen Sie das Auto dann einige Kilometer über eine staubige Landstraße. Der feine Pistenstaub lässt die sich schnell bewegenden Teile im Motorinnern perfekt einlaufen und fördert die Haltbarkeit und die Leistungsfähigkeit der Maschine.« In den 30er Jahren des vergangenen Jahrhunderts stand es so oder so ähnlich in dem Kapitel der Autobedienungsanleitung, das mit dem Wort »Einfahrvorschriften« überschrieben war. Dieses Kapitel ist bis heute noch Teil jeder Bedienungsanleitung – auch wenn seit etwa 15 Jahren dort nur noch steht: »Spezielle Einfahrvorschriften sind nicht nötig«.

Warum war früher das »Einfahren« erforderlich, heute hingegen nicht mehr? Ursache ist der jeweils herrschende Stand der Technik: Vor 80 Jahren waren die Fertigungstoleranzen größer und die verwendeten Schmiermittel noch nicht so weit entwickelt wie heute. Es musste daher mit Ausfällen durch Überlastungen und Mangelschmierung gerechnet werden. Mit der fortschreitenden Technik brauchten Motoren aber nicht mehr »eingefahren« werden, es reichte eine gewisse Schonzeit zu Beginn des Autolebens und ein Motorölwechsel nach den ersten 1000 Kilometer Fahrstrecke. Ergo: Wer in den 30er Jahren sein neues Auto ohne Rücksicht auf Verluste vom Start weg über Stock und Stein trieb, hatte nach 3000 Kilometer die ersten teuren Reparaturen und nach 10 000 Kilometer einen Motorschaden. Mit einem heutigen Neuwagen hätte dieses Treiben vielleicht nach 120 000 Kilometer erste Konsequenzen, die sich in erhöhtem Ölverbrauch und Leistungseinbußen bemerkbar machen würden. Natürlich gibt es auch von dieser »Regel« Ausnahmen, wie immer im Leben …

Was passiert während der ersten Kilometer eines Autolebens im Innern des Motors und in den Lagern des Getriebes? Jedes Teil wird während der Fertigung mit einer vorher exakt festgelegten Genauigkeit gefertigt. Der Begriff »Genauigkeit« umfasst nicht nur die Abmessungen eines Teils, sondern auch dessen Härte und Oberflächenqualität. Wenn ein Kolben in einem Zylinder rasend schnell auf und ab läuft, reibt er mit seiner Oberfläche an der Wandung des Zylinders. Beide Oberflächen gleichen, wenn man sie unter einem Mikroskop betrachtet, einer zerklüfteten Bergkette. Wenn sich diese »Berge« während des Betriebes ineinander verhaken und aneinanderreiben, erwärmen sich beide Oberflächen stark und nutzen sich aneinander ab. Wenn das »trocken«, also ohne Schmieröl geschieht, werden die Teile so heiß, dass sie regelrecht miteinander verschmelzen (der berühmte »Kolbenfresser«, gleichbedeutend mit einem kapitalen Motorschaden). In der Frühzeit des Motorenbaus war das an der Tagesordnung und die Ingenieure entwickelten fieberhaft immer bessere Konstruktionen, immer bessere Öle und immer bessere Fertigungsmethoden, bis die Bergketten an den Oberflächen auf Hügellandschaften geschrumpft waren. Parallel dazu wurden die Einfahrvorschriften angepasst. Und heute bedarf es eigentlich gar keiner Einlaufphase mehr, weil alles schon im Werk perfekt aufeinander gleitet und wunderbar leise läuft.

Eigentlich! Seit einiger Zeit ist eine gewisse »Rückentwicklung« erkennbar. Die Anforderungen, die heute an Motoren und Fahrwerkstechnik gestellt werden, sind enorm: Das Auto muss spurtstark, leise, sparsam, sicher, sauber, wartungsarm und billig sein. Und es muss seinen Erzeugern möglichst viel Geld in die Kasse spülen. Wohl vor allem aus diesem Grund müssen die Konstrukteure sparen, damit das Auto in der Herstellung nicht zu viel kostet und nicht zu lange hält – sonst kauft der Autofahrer ja nicht schnell genug ein neues …! Man könnte sagen, die »Berge« auf den Oberflächen werden wieder höher. Das ist natürlich niemals belastbar zu beweisen, die Tendenz ist aber erkennbar. Ob dieser »Roll-back« ausschließlich von den Controllern der Industrie gesteuert wird oder ob die Entwickler die sich widersprechenden Konstruktionsziele einfach nicht besser unter einen Hut bekommen, ist nicht sicher. Jedenfalls sind ganz moderne Autos wesentlich sensibler als die Neuwagen von vor 15 Jahren.

Gas geben vorm Ausschalten

Irrtum:
Vor dem Abstellen des Motors einen Stoß Gas geben! Das schmiert die Ventile, erleichtert den nächsten Start und hält den Vergaser sauber.

Richtig ist:
Das ist ein Ratschlag aus der Mottenkiste. Denn heute gibt es kaum noch Autos mit Vergaser. Außerdem wird der Kraftstoffverbrauch auf diese Weise unnötig gesteigert.

Herr Schroth aus dem Hinterhaus fährt immer noch seinen Opel E-Rekord Baujahr 1980 mit dem 75-PS-Sparmotor.

Der Motor ist ein Dauerläufer und stammt aus einer Zeit, als die Rüsselsheimer Mannen »der Zuverlässige« hinter den Markennamen zu setzen pflegten. Herr Schroth schwört auf seinen Rekord und befleißigt sich einer besonders materialschonenden Fahrweise, wie er sagt. Warum wohl sonst hält der Wagen seit 32 Jahren ohne größere Reparaturen durch?

Neben dem sorgfältigen Warmlaufen des Motors nach einer frostigen Winternacht gibt Herr Schroth immer kurz vor dem Ausstellen des Motors noch einen ordentlichen Gasstoß, damit der Motor im Auslauf etwas angefettet bleibt, denn dann, davon ist er überzeugt, springt das Auto am nächsten Morgen viel besser an. Vielleicht springt ein alter Grauguss-Motor mit Einfachvergaser nach einer solchen Abstellprozedur wirklich besser an. Ebenso möglich ist es allerdings auch, dass der nicht verbrannte Kraftstoff im Brennraum über Nacht einen Teil des Schmierfilms von den Zylinderwänden gewaschen und so für zusätzlichen Kaltstartverschleiß gesorgt hat und es daher eher an ein Wunder grenzt, dass der Rekord schon drei Jahrzehnte durchgehalten hat.

Moderne Autos, die durchweg Einspritzmotoren unter der Haube haben, sind derartigen Fehlbehandlungen gegenüber zum Glück unempfindlich, weil hier längst die Elektronik das Sagen hat. Selbst wenn man im Augenblick des Ausschaltens (bei schon deaktivierter Zündung) noch ein paar Mal mit dem Gaspedal pumpte, würde kein Tropfen Kraftstoff eingespritzt; ohne Strom kommen nämlich keine Signale vom »Pedalwertgeber« (so heißt die elektronische Form des Gaszuges) zum Rechner der Einspritzung und deshalb auch nicht zu den Einspritzdüsen. Die werden erst wieder über ein spezielles Kaltlaufprogramm informiert, zum Beispiel wenn Herrn Schroths Enkelin die Maschine ihres modernen Kleinwagens leise und samtig laufend zum Leben erweckt. Die segensreiche Elektronik macht hier jede Pedalartistik überflüssig, die ohnehin nur den Verbrauch nach oben triebe.

Rettet die Starthilfe!

Ich bin Starthilfe-Profi. Das Procedere kann ich im Schlaf: Erst das rote Kabel an den Pluspol der leeren Batterie, dann das rote Kabel an den Pluspol der Starterbatterie. Nun das schwarze Kabel jeweils an die Minuspole der beiden Batterien. Achtung, jetzt kann es funken! Dann startet der Fahrer des Spenderfahrzeugs, anschließend lässt auch der Empfänger den Motor an – und, zack, läuft die Karre wieder. Eine Sache von zwei Minuten.

Mein Auto und ich sind in Sachen Starthilfe ein eingespieltes Team, denn mein Auto ist alt, verträgt weder Kälte noch Nässe, oder ich habe mal wieder vergessen, das Licht auszumachen. Deswegen habe ich immer das Starthilfe-Kabel dabei. Wir sind vorbereitet.

Aber ich stelle Erschreckendes fest: Ob der immer neumodischeren Autos gehört Starthilfe offenbar zu einer aussterbenden Kompetenz ... Hier ein Auszug aus meinem Starthilfe-Tagebuch 2010/ 2011:

Fall 1: Der nette Mann ist gewillt, mir zu helfen – obwohl er gerade irgendeinen Kurierdienst zu erledigen hat. Er steigt aus seinem Smart. Ich will ihm nicht übermäßig Zeit mopsen und habe Kabel Nummer eins schon an meiner Batterie angebracht. Und er? Guckt in seinen Kofferraum: keine Batterie. Guckt unter der Kühlerhaube: keine Batterie. Er stellt fest: Sein Wagen hat gar keine Batterie. Zumindest weiß er nicht, wo sie sich befindet. Also suchen wir gemeinsam und finden sie schließlich – unter dem Beifahrersitz. Die Starthilfe klappt, ich bin dankbar, und er hat wieder was gelernt.

Fall 2: Dieser nette Mann fährt ein *großes* Auto. Auch er möchte mir helfen, öffnet zielstrebig seinen Motorraum, guckt ... und guckt ... und guckt ... und sagt dann: »Ich hab hier nur einen Pluspol an meiner Batterie.« Auch er hat offensichtlich noch nie Starthilfe gegeben. Auch hier machen wir uns gemeinsam auf die Suche – und finden *keinen* Minuspol. Doch für den Fall bin ich mittlerweile gewappnet und sage fachkundig: »Dann brauchen wir einfach ein Stück unlackiertes Metall als Masse bzw. als Minuspol.« Er schaut mich etwas ängstlich an, vermutlich befürchtet er, sein Auto werde das nicht überleben, dann aber fügt er sich meinem Ratschlag. Allerdings gibt es, wie wir nun feststellen, an neuen Autos kaum noch unlackiertes Metall. Als wir endlich irgendeine greifbare blanke Schraube finden, klappt's mit der Starthilfe. Ich bin wieder dankbar, und er hat was gelernt.

Fall 3: Wieder ein Mann. Mit einem Mercedes. Das gleiche Spiel. Er sagt: »Ach je, ich weiß gar nicht, wo meine Batterie ist.« Ich frage mich, wieso all diese Autofahrer ein so unpersönliches Verhältnis zu ihrer Batterie haben. Die seinige entdecken wir unter der Rückbank. Starthilfe klappt (obschon es diesmal wirklich Millimeterarbeit ist, schließlich ist ein Überbrückungskabel nicht meterlang). Am Ende aber bin ich dankbar, und er hat was gelernt.

Nun könnte man zwar sagen: Diese etwas hilflos scheinenden Männer fahren im Gegensatz zu mir eben alle Autos, die auch funktionieren. Aber damit verpassen sie was! Denn abgesehen davon, dass bei minus 8 Grad und Tiefschnee neben einem nicht anspringenden Wagen zu stehen ziemlich nerven kann, ist Starthilfe-Geben eine großartige Möglichkeit, soziale Kontakte zu knüpfen. Das Starthilfekabel als zwischenmenschliche Überbrückung, sozusagen. Oder wann haben Sie zum letzten Mal jemanden einfach so auf der Straße angequatscht? Man lernt dabei nette Leute kennen und stellt fest, wie hilfsbereit die meisten sind, selbst wenn sie keine Ahnung von ihren eigenen Autos haben. Ich bin nach so einer Starthilfe jedenfalls immer wieder ganz beseelt und denke mir: »Ach, in welch nettem Land ich doch lebe ...«

Anhänger in Not

👎 Irrtum:
Wenn der Anhänger schlingert, kann man ihn mit einem Tritt aufs Gaspedal wieder stabilisieren.

👍 Richtig ist:
Das kann gefährlich werden. Sinnvoller ist es, im Rückspiegel zu beobachten, wann der schlingernde Anhänger sich in einer Linie hinter dem Auto befindet, und dann eine kurze Vollbremsung durchzuführen.

Unabhängig, selbstbestimmt, flexibel: Das bedeutet für viele der Urlaub mit dem Wohnwagen. Manche Leute lieben es, andere hassen die »Würstchenbuden« am Haken, die im Sommer (oft mit niederländischem Nummernschild) die Lücken zwischen den Lkw auf der rechten Autobahnspur füllen.

Was angesichts seines massenhaften Auftretens scheinbar zu den normalsten Sachen der Welt gehört, ist in Wahrheit eine echte Aufgabe für den Mann oder die Frau hinter dem Lenkrad: Immerhin gilt es, mehrere hundert Kilo Anhängelast und etliche Meter zusätzliche Fahrzeuglänge durch bisweilen dichten Verkehr zu bugsieren. Da Wohnanhänger meist nur ein- bis zweimal jährlich bewegt werden, mangelt es den »Gespannführern« oft an der nötigen Fahrpraxis. Deswegen raten Fachleute, sich vor dem Start in den Campingurlaub mit Kurztrips und kleinen Fahrübungen »warmzufahren«. Die Automobilclubs bieten auf ihren Übungsanlagen entsprechende Fahrtrainings an. Dabei wird nicht nur das perfekte Rückwärtsfahren geübt, sondern vor allem praktische Erfahrung mit dem ungewohnten Verzögerungs- und Beschleunigungsverhalten eines Gespanns gesammelt.

Dabei sind die im Vergleich zum Solofahrzeug völlig anderen Reaktionen eines Gespanns auf Lenk- und Bremsbefehle von besonderer Bedeutung. Denn auch wer so gestählt auf große Fahrt geht, ist nicht vor des Caravaners größtem Angstgegner gefeit: dem Pendeln (Aufschaukeln) des Wohnwagens. Vorbeugen kann man der »Pendelgefahr« des Hängers durch einen beherrschten Fahrstil, insbesondere aber durch Augenmaß bei der Tempowahl und ausreichendem Sicherheitsabstand zum Vordermann, damit eine plötzliche Bremsung nicht Unruhe ins Gespann bringt.

Gerät der Wohnwagen trotz aller Vorsicht, beispielsweise aufgrund von Spurrillen, ins Schlingern, gilt die Regel: Kontrolliert und mit Gefühl für das Gespann Gas wegnehmen und mit sanften, keinesfalls hektischen Lenkbewegungen gegensteuern.

Der Trick mit dem Gasstoß, der das Gespann angeblich stabilisieren (»strecken«) soll, funktioniert hingegen höchstens theoretisch. Voraussetzung dafür ist nämlich ein *sehr* potentes Zugfahrzeug, bei dem ein Gasstoß einen echten »Satz nach vorne« hervorruft. Mit anderen Worten: Es sind große Hubräume und am besten mehrere hundert PS unter der Haube nötig, um die schweren modernen Wohnanhänger wirklich zu einer Richtungsänderung nach vorne zu veranlassen.

Wesentlich wirkungsvoller ist ein kurzer beherzter Tritt aufs Bremspedal (negative Beschleunigung), sobald sich Zugfahrzeug und Anhänger genau in einer Linie befinden. Das muss man in so einer Situation genau im Rückspiegel beobachten. Viel ratsamer als dynamische Korrekturversuche während der Fahrt sind übrigens technische Helfer, die die »Pendelgefahr« bei schweren Anhängern vermindern: sogenannte Stabilisatoren, die heute für fast jedes Hängermodell erhältlich sind und nachträglich eingebaut werden können.

Noch ein Tipp: Mit entscheidend für das stabile Fahrverhalten des Wohnwagengespannes sind die richtige Beladung
(Schweres nach unten und auf die Achse, nicht überladen!)
und die Stützlast des Anhängers, die weder über- noch un-
terschritten werden darf. Beispiele dazu sind in der Bedienungsanleitung des Wohnwagens, in Wohnwagenhand-
büchern und in den bereits erwähnten Wohnwagentrainings
zu finden.

Die richtige Beladung

Damals in grauer Vorzeit, stiegen wir einfach ins
Auto und durften dort rumtoben – unangeschnallt
auf dem Rücksitz. Wir lagen quer über der Sitzbank
oder hopsten durch den Fond. Keine Kindersitze,
keine Anschnallgurte hinderten uns. Die Eltern
rauchten, was die Fahrzeugkabine aushielt, die
Türen hatten keine Kindersicherungen, und die
Kinder kotzten pro Fahrt mindestens einmal über
alle Sitze ...

Das war zwar irgendwie schön, aber schlecht für
die Gesundheit. Heute würde man seinen umheg-
ten Nachwuchs keinen Millimeter ohne Kindersitz
von A nach B fahren. »Generation Kindersitz«:
Koste es, was es solle ...

Vor allem Nerven. Eine typische Installation von Kind und Sitz in einem Kleinwagen verläuft so: Der »Highsecurity Top Checker 1a Testsieger Kindersitz« mit Seiten-Aufprallschutz ist zwar top-checker-sicher, aber auch top-checker-groß und eher für ein Scheunentor als für eine kleine Autotür und Klappvordersitz konzipiert. Positionierung und Montage erweisen sich als schweißtreibende und durchaus akrobatische Nummer.

In Millimeterarbeit hat man den Rundum-sicher-Thron schließlich auf die Rückbank gefriemelt. Sitzt der Sitz, muss noch das Kind sitzen. Also hievt man Kind Nummer eins, schon jetzt erschöpft, in Sitz Nummer eins, fummelt den Gurt über Jacken und Hosen und fesselt den Liebling Nummer eins.

Dann katapultiert man Kindersitz Nummer zwei auf die andere Seite der Rückbank. Es folgt das Festzurrprocedere mit Kind Nummer zwei. Derweil hat Kind eins erste Lernerfolge beim Öffnen seines Gurtes und turnt schon wieder fröhlich über die Lehne.

Nach kurzer wrestlinghafter Auseinandersetzung zwischen Mutter und Kind ist Kind Nummer eins wieder in seinem Sitz. Kind zwei fragt: »Wann sind wir da?« Da wir noch nicht mal losgefahren sind, wird dies einfach ignoriert.

Nicht ignorieren kann man den umzugsverdäch-
tigen Hausrat, der noch auf dem Bürgersteig darauf
wartet, mitgenommen zu werden: ein Kinderwagen
und drei Taschen – eine mit Wechselsachen, eine
mit allem, was Kind eins und zwei gerade noch aus
dem Kinderzimmer greifen konnten und _unbedingt_
mitnehmen müssen, und eine mit den obligato-
rischen Äpfelchen, Trinkflaschen und sonstigen
Notversorgung, falls die Spontan-Verhungerung
ausbricht.

Es hilft nichts: Erst den Kinderwagen zerlegen,
damit er auf der Beifahrerseite Platz findet. Dann
irgendwie noch die Taschen rein. All das hat etwas
von der Selbstmontage eines besonders extravagan-
ten IKEA-Regals. Dauert auch genauso lange. Er-
wähnte ich übrigens schon, dass diese Fahrt nicht
für sieben Wochen ins Ausland geht, sondern nur
in den Zoo?

Endlich sitzen Mutter und Kinder im vollgepack-
ten Auto; tatsächlich wurde nichts auf dem Bürgersteig vergessen. Und während die verschwitzte
derangierte Mutti versucht, sich wieder in eine gut-
aussehende, attraktive Frau zu verwandeln, sieht sie,
dass sich vor dem kleinen Auto eine Touristengrup-
pe versammelt hat, fröhlich die »Kinder-im-Auto-
Verstauaktion« fotografierend. Vermutlich denken

die, das Ganze sei ein Kunst-Happening – eine lebende Installation oder so. Wir sind ja schließlich in
Berlin! Oder auch: Ein bisschen Zoo ist überall!

Bordsteinparken

👎 Irrtum:

*Wenn man aus Platzgründen mit einem Rad auf dem
Gehweg parkt, ist das noch keine Ordnungwidrigkeit, und
dem Wagen macht es auch nichts aus.*

👍 Richtig ist:

*Wenn das Parken auf dem Gehweg nicht ausdrücklich ge-
stattet ist (egal, ob mit einem, zwei oder allen Rädern),
begeht man eine Ordnungswidrigkeit und bekommt ein
Knöllchen. Außerdem ruiniert man sich dabei schnell Felgen und Reifen.*

Wer kennt das nicht: Man ist ohnehin zu spät, die Kinder
quengeln auf dem Rücksitz – und weit und breit kein Parkplatz in Sicht, jedenfalls kein ausreichend großer oder legal
nutzbarer. Wenn der Leidensdruck irgendwann hoch genug
ist, vergisst man kurzerhand Fahrschule und Straßenverkehrsordnung und zwängt sein Auto eben doch da hinein,
wo es eigentlich nicht hinein passt: Man fährt mit den

Rädern auf den Bordstein, oder man würgt so lange am Lenkrad, bis der Wagen doch in die zu kleine Parklücke gequetscht ist.

Das kann gut gehen, solange man dabei nicht erwischt wird und sich bei der Kurbelei nicht die Reifen ruiniert hat. Erwischt werden kann man vom Ordnungsamt oder der Polizei, die den »ruhenden Verkehr« überwacht. Denn wenn sich Räder des Autos auf dem Bordstein befinden, obwohl kein Verkehrszeichen dies eindeutig gestattet, hat man schnell ein Knöllchen hinter dem Scheibenwischer. Dabei spielt es keine Rolle, ob es sich dabei um ein, zwei oder noch mehr Räder handelt.

Aber es gibt auch technische Überlegungen, die gegen das Bordsteinparken sprechen: Dass das Überfahren von Bordsteinkanten – egal aus welchem Grund – nicht gut für Autoreifen ist, hat sicher jeder Fahrer schon einmal gehört. Wenn es sich nicht vermeiden lässt oder sogar durch Verkehrsschilder vorgeschrieben ist, muss man sehr vorsichtig agieren, um seine Pneus nicht irreparabel zu beschädigen. Vorsichtig heißt in diesem Zusammenhang: langsam! Heftiges Anfahren oder harte Anstöße sind Gift für den Reifen und dessen Unterbau. Fast noch schlimmer sind die Quetschungen, die Reifen beim Bordsteinklettern mit zu spitzem Winkel erfahren. Die daraus entstehenden Schäden sind von außen selten sichtbar und werden dadurch viel zu spät bemerkt. Darum gilt: Wenn es sein muss und erlaubt ist, auf die Bordsteinkante nur im rechten Winkel fahren, um den Reifen zu schonen. In der Endposition auf dem Parkplatz müssen alle vier Räder spannungsfrei auf der Erde stehen. Wer daran beim Parken nicht denkt, geht das Risiko ein, dass ein Reifen platzt oder »nur« eine Beule im Mantel entsteht; selbst dann ist der Reifen ruiniert und muss erneuert werden.

Frauen können nicht einparken

Bis vor kurzem hätte ich aus innerster Überzeugung gebrüllt: »Stimmt nicht!« Aber dann habe ich von einer Studie gehört, die tatsächlich zu dem Schluss kommt, dass Frauen weniger gut einparken können als Männer. Eine halbe Nation wird in ihrem Vorurteil bestätigt und kann nun mit einem zufriedenen Grinsen in den Fahrersitz zurücksinken. Bitte, meine Herren – genießen Sie es kurz und intensiv. Denn lange bleibt Ihnen nicht, bevor am Ende bewiesen sein wird, dass Sie (die Männer) natürlich Schuld sind!

Okay, zum Teil wurde die Konditionierung und Beschaffenheit der Gehirnhälften für diese Studie als Erklärung herangezogen. Demnach können Frauen schlechter räumlich denken als Männer.

Frauen sehen eher Details, Männer das große Ganze. Mag sein – aber jedem ordentlich domestizierten Mann kann man schließlich auch antrainieren, das Detail eines überquellenden Mülleimers, der unbedingt geleert werden muss, zu erkennen oder die Schmutzwäsche, die gewaschen werden soll, im großen Ganzen der Wohnung zu orten. Ja, es ist fraglos ein schweres Stück Arbeit, so eine Detailsicht in die das große Ganze im Blick habenden Männerhirne hineinzubekommen, aber die männlichen Gehirnhälften können es schaffen. Umgekehrt sollte es also auch funktionieren: Frau kann lernen, das große Ganze einer Parklücke (meist ist es ohnehin eher ein kleines Ganzes) zu sehen und korrekt abzuschätzen. Ganz sicher!

Drum lassen wir das mit den Gehirnhälften einfach. Denn der Hauptgrund, warum die meisten Frauen schlechter einparken können als Männer, ist erschütternd: Laut einer Studie haben Frauen die permanente Verunsicherung durch die männlichen Parkraumbenutzer so sehr verinnerlicht, dass sie quasi im vorauseilenden Gehorsam schlecht einparken. Das Vorurteil, das Klischee, die männliche Häme, all das sitzt uns Frauen also bei jedem Einparkmanöver im Nacken wie ein böses grinsendes Monster. Und wenn das erst einmal da sitzt, wer soll dann noch ordentlich einparken können? Womit wir wieder bei unserer Anfangsthese sind: Die Männer sind schuld!

Die logische und einzig mögliche Schlussfolgerung, die sich aus den Erkenntnissen der Studie ergibt, ist allerdings auch klar: Die einzigen, die etwas daran ändern können, dass Frauen schlecht einparken, sind die Männer. Also hört auf, uns einreden zu wollen, wir seien nicht in der Lage einzuparken!

Womit wir bei einer nicht ganz uninteressanten Frage angekommen sind: Weshalb duldet der Mann eigentlich seit Generationen schlecht einparkende Frauen, anstatt einfach mal aktive psychologische Einparkhilfe zu liefern? Ist das die Rache für die Lehrstunden in Bunt- und Feinwäsche? Sind wir hier etwa einem großen Sinnbild über den Zustand der Gleichberechtigung und dem verzweifelten Festklammern an den letzten Relikten patriarchaler Verhältnisse auf der Spur? Ist das Einparken so etwas wie die letzte Bastion der Männlichkeit, die eisern verteidigt werden muss? Na gut, dann soll Papi mal parken. Wenn er damit fertig ist, kann er ja den Müll runterbringen ...

Die liebe Technik

Hauptsache Profil?

 Irrtum:

Das Alter der Autoreifen ist egal, nur das Profil ist wichtig!

Richtig ist:

Für den TÜV ist tatsächlich nur die Tiefe des Reifenprofils relevant, solange keine größeren Risse oder andere Schäden in der Karkasse sichtbar sind. Aber: Gummi verhärtet – deshalb sollten ältere Reifen auch dann ausgetauscht werden, wenn das Profil noch in Ordnung ist.

Vor allem Autofahrer mit einem eher selten benutzten Kleinwagen stellen sich häufig die Frage, ob sie mit ihren neun Jahre alten Reifen, deren Profil wie neu ist, noch fahren dürfen. Die Antwort ist eindeutig: Ja, sie dürfen! Der Gesetzgeber gibt eine Mindestprofiltiefe von 1,6 mm vor, Reifen mit tieferen Profilrillen dürfen also rechtlich gesehen gefahren werden. Bei der Hauptuntersuchung sehen sich die TÜV-Gutachter allerdings den Reifen im Ganzen an und beurteilen dessen Zustand auch im Hinblick auf bereits einsetzende sichtbare Gummialterung. (Das Reifenalter ist an der DOT-Nummer auf der Flanke des Reifens erkennbar:

3405 bedeutet zum Beispiel, dass der Reifen in der 34. Kalenderwoche des Jahres 2005 produziert wurde.) Abhängig von der jeweils verwendeten Gummimischung setzt nämlich früher oder später eine Versprödung des Reifengummis ein; durch die entstehenden Risse kann in fortgeschrittenem Stadium Wasser bis in den Karkassenunterbau gelangen. Die Karkasse besteht unter anderem aus dem Stahlgeflecht, das dem »Stahlgürtelreifen« seinen Namen gibt. Wenn sie mit Wasser in Berührung kommt, beginnt der Stahlgürtel zu rosten und sprengt schließlich die Lauffläche des Reifens ab. Den daraus resultierenden Reifenplatzer kann sich jeder vorstellen.

Ein fixes Maximalalter gibt es eigentlich nicht; der ADAC empfiehlt »allerhöchstens« zehn, die Reifenbranche (verständlicherweise) maximal sechs Jahre. Die Wahrheit dürfte irgendwo dazwischen liegen. Der prüfende Blick des Fachmanns beim saisonalen Wechsel von Sommer- auf Winterreifen (und umgekehrt), etwa in einer seriösen Werkstatt, ist da wesentlich aussagekräftiger.

»M+S« ist nicht gleich »Winter«

 Irrtum:
»M+S«-Reifen sind immer auch Winterreifen.

Richtig ist:

»M+S« kann auch an reinen Sommerreifen stehen. Einige Billighersteller nutzen diesen Trick, um den Absatz zu erhöhen. Also nur echte Winterreifen kaufen!

Seit es in Deutschland eine sogenannte Winterreifenpflicht gibt, streiten sich die Experten über eine eindeutige Kennzeichnung für Winterreifen. Früher war der Winterreifen schnell erkannt: Er hatte ein grobes Profil, häufig noch Löcher für die bei uns schon lange verbotenen Spikes und war nur bis maximal 160 km/h zugelassen. Schon damals stand häufig »M+S« auf der Reifenflanke, was mit »Matsch & Schnee« übersetzt wurde. Ähnliche Reifen wurden oft auch im sonnigen Südkalifornien für die dort weit verbreiteten Pick-ups und Geländewagen angeboten; denn dort stand »M+S« für »Mud & Soil«, also Matsch & Erde.

Chinesische Hersteller bauen heute technisch wenig anspruchsvolle Reifen mit Militärprofil, auf deren Seitenflanke ebenfalls »M+S« steht und die womöglich der Volksbefreiungsarmee passable Dienste leisten – jedenfalls nach den dortigen Standards ... Wer im Internet günstig Restbestände solcher Produkte ersteigert, kann mit diesen Blockprofil-Reifen im Winter auf deutschen Straßen herumfahren und würde bei einer »Ausrüstungskontrolle« von der Polizei sehr wahrscheinlich durchgewinkt, denn es steht ja deutlich »M+S« auf der Reifenflanke, und dieses Kürzel reicht aus, um bei Kontrollen die Eignung von Reifen für den Winterbetrieb nachzuweisen. Laut Verordnungsgeber signalisiert es nämlich, dass Profil, Lauffächenmischung und Bauart des so gekennzeichneten Reifens sich im Vergleich zu einem Sommerreifen zum Fahren auf Schnee und Eis eignen. Ebenso wahrscheinlich wird man bei winterlichen Straßenverhältnissen mit diesen Reifen sein blaues Wunder erleben …

Der Grund für diesen Nonsens: Es gibt noch immer keine offizielle Winterreifen-Definition. Die Reifenindustrie behilft sich daher mit einer Kennzeichnung, die wie ein kleiner Alpengipfel mit Schneeflocke aussieht.

Damit gekennzeichnete Reifen sind tatsächlich auf die Bedingungen in der Schnee- und Eissaison ausgerichtet, haben eine kältefeste Gummimischung und ein »lamelliertes« Profil, das deutlich mehr Grip bietet als jede andere Reifenbauart. Ein Reifen mit diesem Schneeflockensymbol auf der Flanke ist ein echter Winterreifen! Das Kürzel »M+S« allein hingegen ist dafür kein Indiz.

Gas im Reifen

 Irrtum:

Reifengas sorgt für konstanten Luftdruck und erspart die Luftdruckkontrolle.

Richtig ist:

Reifengas ist ein PR-Trick des Reifenhandels und bietet keine Vorteile.

Die Autos auf deutschen Straßen fahren oft mit zu geringem Luftdruck; die Reifenbranche spricht in diesem Zusammenhang vom »Reifenkiller Nummer 1«. Dabei ist es ganz einfach, bei jedem zweiten Tankstellenbesuch schnell einmal den Luftdruck zu prüfen. Zumindest theoretisch. In der Praxis ist es mühsam, zeitaufwendig – und unterbleibt daher meist.

Also wirbt der Reifenhandel inzwischen mit »Reifengas«. Für etwa 3 Euro je Reifen sei man damit auf der sicheren Luftdruck-Seite, behaupten zumindest die Anbieter. Reifengas ist reiner Stickstoff, aus dem auch Atemluft zu 79 Prozent besteht. Angeblich hält es den Druck im Reifen länger konstant, weil die Moleküle größer sind als die der Luft und länger für die Diffusion ins Freie benötigen.

Fakt ist: Die Moleküle sowohl von Stick- als auch von Sauerstoff sind jeweils etwa 0,0004 µm groß, und der Unterschied zwischen Reifengas und normaler Luft ist angesichts des geringen Sauerstoffanteils in der Atemluft vernachlässigbar. Nachteilig könnte sich vielleicht die größere Löslichkeit und Diffusionsgeschwindigkeit des Sauerstoffs auf den Reifengummi auswirken, allerdings wohl eher in der Theorie.

Doch selbst mit Reifengas bleibt uns die Kontrolle des Reifendrucks nicht erspart, weil die theoretischen Vorteile des Reifengases durch Undichtigkeiten zwischen Reifen und Felge oder am Ventil bei weitem überkompensiert werden – hier verliert ein Reifen deutlich öfter und mehr Luft als durch die Diffusion durch den Reifengummi! Der einzige Vorteil des Reifengases liegt somit im steigenden Umsatz des Reifenhändlers und in der Beruhigung des eigenen Gewissens.

Zu viel Power durch übertriebenes Tuning

👎 Irrtum:

Chiptuning ist eine billige Möglichkeit, dem Motor mehr Power zu entlocken, ohne dass es dem Wagen was ausmacht.

👍 Richtig ist:

Mit minimalem Aufwand hat das Auto in der Tat plötzlich mehr PS. Aber: Die zusätzliche Leistung wurde bei der Konzeption des Autos nicht berücksichtigt. Wenn plötzlich ein deutlich größeres Drehmoment an den Antriebswellen zerrt, altern diese im Zeitraffer – und die Abgaswerte werden auch nicht besser.

Automobiltuning – eine Geheimwissenschaft für Spezialis-
ten. Die Bezeichnung stammt vom englischen Verb »to
tune«, was übersetzt »abstimmen« oder »einstellen« heißt.
Ursprünglich wurde dieser Begriff in der amerikanischen
Autoszene verwendet, wenn ein Großserienfahrzeug moto-
risch optimiert werden sollte. Neben dem normalen Tune-
up, also einer üblichen Einstellung von Zündung, Vergaser
und Motor, entwickelte sich das Tuning zur Kunst des tief-
greifenden Eingriffs im Inneren des Motors. Die in der Serien-
fertigung verbauten Komponenten waren wegen der dort
herrschenden Toleranzen mal von besserer Qualität, mal
von schlechterer und manchmal fast unbrauchbar. Wenn
man einen Motor völlig demontierte und mit genau vermes-
senen und aufeinander abgestimmten Komponenten wieder
neu zusammensetzte, ergab das häufig schon ein Leistungs-
plus von zehn Prozent nebst längerer Lebensdauer.

Doch die Tuning-Branche entwickelte sich weiter, die
Kundenansprüche stiegen. Die bislang serienmäßigen Komponenten der Motoren wurden konstruktiv verbessert und
durch andere (bessere) Bauteile ersetzt. Schließlich wurden
sogar die Eckdaten eines Motors verändert: größere Zylin-
derbohrungen, andere Kurbelwellen mit mehr Hub, »schär-
fere« Nockenwellen. Diese Veränderungen brachten zum
Teil enorme Leistungszuwächse – aber auch drastische Ein-
bußen bei der Lebensdauer. Ein extrem getunter V8-Motor
eines Dragsters (Spezial-Rennfahrzeug für Viertelmeilen-

Rennen) brachte in den 70er Jahren mehr als 1000 PS auf die Kurbelwelle, hatte dabei aber nur eine Lebensdauer von rund zehn Minuten. In dieser Fahrzeugklasse galt extreme Leistung für kurze Zeit (die Viertelmeile war in weniger als 10 Sekunden absolviert …) mehr als Dauerhaltbarkeit. Andererseits bedeuten 10 Minuten geteilt durch 10 Sekunden immerhin 60 Rennen ….

Heute sind »innermotorische« Veränderungen bloß noch bei professionellen Rennwagen des Formel- oder Oldtimersports üblich. Tuning an Serienfahrzeugen zwecks Leistungssteigerung erfolgt nur noch über Optimierungen der Motorsteuergeräte, dem sogenannten »Chiptuning«, wobei sogar einfache flankierende Maßnahmen (etwa andere Luftfilter oder Abgasanlagen) schon an den hohen Zulassungsbarrieren scheitern können. Beim Chiptuning werden die Kennlinien im Steuergerät so verändert, dass der Ladedruck des Turboladers steigt und Dauer und Menge der Kraftstoffeinspritzung entsprechend angepasst werden.

Das ist relativ kostengünstig zu realisieren und verschafft einem Motor durchaus mit einem Schlag 40 PS mehr und dem Fahrer einen großen Auftritt an der Ampel. Zugleich aber wirft diese Maßnahme wieder Dauerhaltbarkeits- und vor allem Abgasprobleme auf. Dass sich die Zusammensetzung und die Qualität der Abgase verändern, wenn die Parameter bei Einspritzung und Zündung gegenüber der Serienausführung verändert werden, liegt auf der Hand. So haben beispielsweise nur seriöse Chiptuner ein zum Auto und dem jeweiligen Motorkennbuchstaben passendes Abgasgutachten, das nicht schlechter ausfallen darf als für die serienmäßige Abstimmung.

Dumm nur: Der Basisantrieb, der »gechipt« wird, ist von Hause aus nicht auf die nach der unverhofften Erstarkung herrschenden Kräfte ausgelegt und verschleißt entsprechend schneller. Wenn plötzlich 30 Prozent mehr Drehmoment am System zerren, geht das an dem nicht spurlos vorüber. Auffällig sind hier Getriebe und Kupplungen, die bei gechipten Autos sehr früh ausfallen. Kolben, Ventiltrieb und Kurbelwellenlager sind weitere Kandidaten für vorzeitigen Verschleiß. Das oft angeführte Argument, es gebe auch eine stärkere Version des jeweiligen Automodells mit exakt der Leistung, die der Tuning-Chip dem Auto wachsen lässt, ist nicht tragbar: Der Hersteller muss für alle denkbaren Einsatzfälle und Fahrerprofile Gewährleistung und Garantie geben; das macht er nur, wenn er seinem Produkt eine gewisse Sicherheit gegen vorzeitigen Ausfall auf den Leib konstruiert und die Bauteile des Motors also seiner Leistung entsprechend dimensioniert. Der Chiptuner ändert aber neben der Steuergerätprogrammierung fast nichts am Auto; und wenn er es doch tut, so ist das getunte Auto anschließend so teuer wie das gleichstarke Modell aus der Serienproduktion.

Immerhin geben seriöse Tuner eine Garantie auf die Dauerhaltbarkeit ihres Produktes, die sie sich von Garantieversicherern einkaufen. Ganz ohne Gutachten und Garantie sollte niemand einen »Power-Chip« in sein Auto einbauen!

Innenraum-Tuning

Jungs, die zum ersten Mal beim Mädchen ihres Herzens zu Besuch sind, sollen, so sagt man, heimlich in dessen CD-Sammlung stöbern. Ist da nicht das Richtige dabei und stattdessen vielleicht sogar die eine oder andere *Bravo-Kuschelrock*-CD, entliebt er sich spontan wieder.

Ähnlich geht es mir mit Männern, die in ihren Autos Dufttannen hängen haben. Ich kann jemanden vorher noch so nett und sympathisch, sogar klug, geistreich und sexy gefunden haben – steige ich in sein Auto und entdecke am Rückspiegel eines dieser schrecklichen gelben (Zitrone), grünen (Wald) oder blauen (Meer) Dufttännchen, ist klar: Das mit uns wird nichts.

Das Dufttännchen ist eine Erfindung, die an sich schon äußerst zweifel- und ekelhaft ist und eigentlich direkt nach dem widerlichen Klostein kommt. Dass es aber tatsächlich eine nicht unbeträchtliche Anzahl Menschen gibt, die diese Dinger *kaufen* und *freiwillig* in ihr Auto hängen, ist überhaupt nicht nachzuvollziehen. Dufttännchen riechen nämlich nicht gut, und sie tauchen ein Auto ganz bestimmt *nicht* in einen frischen Meereslufttannenwaldzitronenduft.

Abgesehen davon muss man sich bei Dufttännchenbesitzern fragen: Warum muss dieser Mensch überhaupt so ein Tännchen haben? Wonach würde es hier denn sonst stinken? Oder habe ich es hier etwa mit einem dieser pathologischen Typen zu tun, die auch immer ein Mundspray dabeihaben, um vor jedem Kuss zu inhalieren? Oder findet er das Dufttännchen am Ende sogar einfach nur hübsch? Dann leidet dieser Mensch so sehr an Geschmacksverirrung wie sein Auto an Dufttännchen-Gestank.

Getoppt werden Dufttännchen nur noch von der offensichtlich mit ewigem Leben ausgestatteten Diddl-Maus. Baumelt diese am Rückspiegel eines Frauenautos, sollte das für jeden Mann ein untrügliches Zeichen sein, die Finger von der Fahrerin zu lassen: Wer noch im Alter der Führerscheinbefähigung Diddl-Mäuse süß findet, mit dem kann irgendwas nicht stimmen ...

Insofern ist die Innenraumgestaltung eines Autos tatsächlich mit einer CD-Sammlung vergleichbar. Guck dir an, was drin hängt – und du weißt, ob hier mehr geht!

Graphit

👎 Irrtum:

Für Türschlösser ist Graphit das Beste.

👍 Richtig ist:

Wer Türschlösser mit Graphitpulver schmiert, sorgt vor allem für schwarze Hosentaschen. Seit rund dreißig Jahren sind Schließzylinder aus Materialien, die nach anderen Schmiermitteln verlangen, etwa Teflonsprays.

Ganz heiße Tipps gibt es für Türschlösser und deren Schmierung bzw. Pflege. So sollen im Winter angeblich die Schlüssellöcher mit Klebeband gegen eindringendes Wasser geschützt werden, insbesondere vor dem Besuch einer Waschanlage, damit das hineingelaufene Wasser nicht gefriert und den Schließzylinder blockiert. Für rein mechanische Schlösser klingt das einleuchtend, bei Autos mit Funkfernbedienung ist dieser Tipp eher überflüssig. Sinnvoller ist die vorbeugende Schmierung des Schließzylinders *hinter* dem Schlüsselloch mit einem geeigneten Schmiermittel. Das sorgt nicht nur für eine leichtgängigere Bewegung der filigranen Schlossmechanik, sondern verhindert auch, dass Wasser bis in die letzten Verästelungen der Zuhaltungen eindringt.

Insofern darf man das früher gern empfohlene Graphit-

pulver getrost vergessen: Eigentlich wurde dieser Festschmierstoff nur verwendet, um den Straßenstaub daran zu
hindern, sich mit anderem Schmierfett zu einer zähen Paste
zu verbinden und irgendwann das Schloss zu blockieren.
Leider schmierte das herrlich farbechte Graphitpulver
hauptsächlich das Innere der Hosentasche, wenn man den
Autoschlüssel anschließend dort reinsteckte.

Die Idee mit dem Festschmierstoff zur Schmierung der
Schließzylinder ist jedoch grundsätzlich gut, weshalb heute
sogenanntes »weißes Fett« in kleinen Sprühdosen diese
Aufgabe wahrnimmt. Dabei handelt es sich zum Beispiel um
mit Teflon versetztes wasserfestes Silikonfett, das für die
Konservierung und Schmierung altmodischer Schlüssellöcher perfekt geeignet ist.

Waschanlagen sind dazu da, um Autos zu waschen

Stimmt nicht. Waschen ist hier höchstens eine Art
»Nebentätigkeit«. Denn eigentlich sind Waschanlagen ein gruseliges Kindervergnügen, Orte voller
Abenteuer und Geheimnisse, bewohnt von un-
heimlichen Monstern ...

Wenn meine Mutter früher sagte: »Ich fahr in die
Waschanlage, willst du mit?«, durchlief ich jedes Mal

das gleiche Wechselbad der Gefühle. Ich war hin- und hergerissen zwischen »Au ja« und »O nee«. Ich bin jedes Mal mitgekommen. Und jedes Mal hatte ich dieses wohlig-unheimliche Kribbeln. Erst drückte der Mann – das letzte lebende Wesen vor der Einfahrt in den Orkus – die Antenne runter, dann erkundigte er sich mit unheilverkündender Stimme, ob alle Fenster geschlossen seien, und schließlich befahl er martialisch: »Gang raus und nicht bremsen!« Man fühlte sich wie vor einem Raketenstart ins finstere Universum.

Wie ein Echo habe ich dann alles noch einmal wiederholt: »Mama, sind alle Fenster zu? Ist die Antenne unten? Haste den Gang raus?« Natürlich ohne zu wissen, was ein Gang überhaupt ist. Dann wurden wir unaufhaltsam in den langen, tropfenden Tunnel gezogen. Ein kleines Ruckeln, und man war in den Transportschienen, aus denen es kein Entrinnen gab. Ich wusste: Nun gibt es kein Zurück mehr – wir müssen da durch! Durch den Tunnel voller fieser Wischmoppmonster, die sich laut grölend und greinend gegen unsere Scheiben pressen. Durch den uns von allen Seiten bedrängenden Bürstendschungel, der uns mit seinen borstigen, dreckigen Lappenzungen in die Mangel nimmt. Durch die röhrenden Starkwinde, die die Kraft hätten, ganze Häuser abzudecken.

Während ich all das mit angstfreudegroßen Augen beobachtete, turnte ich als Fensterüberprüferin auf der Rückbank herum, um ab und zu freudig erschaudernd zu schreien: »Mama, hier kommt Wasser!«, weil ein Tröpfchen den Weg durch die Türdichtung gefunden hatte. Ich dachte jedes Mal wirklich, wir kämen nie wieder lebendig aus diesem schrubbenden, schäumenden Monsterschlund heraus. Ich war überzeugt, dass wir von den wilden, struppigen Bürstenungeheuern gefressen würden, man uns einfach vergessen würde oder wir mitten im Gruseltunnel das schützende Auto verlassen müssten, Wasser und Monstern hilflos ausgeliefert... Doch sobald wir im Bereich mit dem orkanartigen Wirbelwind angekommen waren, ließ mein Puls nach, weil ich wusste, dass es jetzt nur noch ein kleines Stück bis zur Ampel des Entkommens war. Schaltete die auf Grün, waren wir dem Höllenschrubberschlund wieder mal entkommen. Toll war das. Aufregend. Besser als Geisterbahn.

Schade, dass es immer weniger richtige Waschstraßen gibt. Stattdessen stehen fast überall diese feststehenden Waschanlagen, bei denen sich das Auto nicht bewegt und man nicht einmal drin sitzen bleiben darf. Kein einziges Bürstenmonster, dem man begegnen kann. Langweilig!

Umso erfreuter war ich, als ich kürzlich endlich wieder eine echte Waschstraße aufgetrieben habe. Darum schnappe ich jetzt meine Tochter und sage: »Komm, wir fahren in die Wasch-Geisterbahn. Die Monster warten schon!« Und dann gruseln wir uns. Toll! Und wir sind bislang noch jedes Mal entkommen.

Damenstrumpf als Notkeilriemen?

👎 Irrtum:
Ein Damenstrumpf tut als Notkeilriemen gute Dienste.

👍 Richtig ist:
Achtung: Der Strumpf ist wirklich nur ein Notbehelf! Der Keilriemen sollte so schnell wie möglich ersetzt werden. Und bei Modellen mit Multi-Rippenriemen hilft der Strumpf gar nichts.

Es gibt wohl kaum eine Geschichte aus dem großen »Autofahrerlatein«, die öfter kolportiert wurde: »Wenn der Keilriemen reißt, kaufst du einfach der nächsten nylonbestrumpften Dame ihre Beinbekleidung ab und verwendest die dann.«

Ja, das könnte funktionieren – aber nur, wenn das Auto auch wirklich einen Keilriemen hat (der seinen Namen von seinem keilförmigen Querschnitt hat und im Gegensatz zum klassischen Flachriemen nicht nur kraft-, sondern auch formschlüssig Kraft überträgt) und keinen mehrfach umgelenkten Multi-Rippenriemen; den muss man sich wie mehrere nebeneinander liegende Mini-Keilriemen in der Verkleidung eines Flachriemens vorstellen (in der Tat verbindet der Multi-Rippenriemen viele Eigenschaften beider Riemenarten miteinander). Einen solchen Multi-Rippenriemen verwendet inzwischen (seit etwa 20 Jahren) die Mehrzahl der Autos. Diese Bauart wurde durch immer mehr Nebenaggregate nötig: Früher gab es nur die Lichtmaschine, heute ist neben der Wasserpumpe auch noch die Servopumpe und der Klimakompressor mit anzutreiben. Da wäre der klassische Keilriemen schnell überfordert – ebenso der arme Damenstrumpf, wenn man ihn als Ersatz für dieses Hightech-Bauteil einsetzen würde.

Wenn man als Fahrer eines älteren Autos gleichwohl eine entsprechend ausstaffierte hilfsbereite Dame findet und es einem gelingt, das erworbene Textil auch tatsächlich so um seine Riemenscheiben zu ziehen, dass ein Antrieb zustande kommt, bedeutet das immer noch nicht, dass man anschließend in Seelenruhe ein paar Tage damit herumfahren kann, denn der Strumpf wird das nicht lange aushalten. Vielmehr sollte der Weg direkt zum nächsten Ersatzteilhändler führen. Den Wechsel von Strumpf auf Riemen bekommt man dann ganz sicher auch noch selbst hin …

Gelbes Licht – gutes Licht?

☞ Irrtum:

Gelbe Nebellampen sind heller.

☞ Richtig ist:

Von der Leuchtstärke her gibt es keinen Unterschied. Bei Nebel reduziert sich bei gelbem Licht allerdings die Eigenblendung. Dadurch hat man bei gelbem Licht den Eindruck, besser sehen zu können.

Bis vor wenigen Jahren hatte gelbes Scheinwerferlicht in Frankreich traditionell die Oberhand. Deutsche Autofahrer beklagten aber eine verstärkte Blendung durch die gelben Lichter – obwohl jede Einfärbung des weißen Scheinwerferlichts durch farbiges Scheinwerferglas eher eine Drosselung des Lichtstroms bedeutet. Bei gleicher elektrischer Leistung ist weißes Licht am hellsten. Gelbe Lampen sind in Nebelscheinwerfern laut §52 der StVZO zulässig, sofern die Lampen in einem Mitgliedsland der EU geprüft wurden und ein entsprechendes »E«-Zeichen tragen. Fürs Abblend- und Fernlicht sind sie nicht zugelassen. Gelblich eingefärbte Nebelscheinwerferlampen heißen heute zum Beispiel »Allwetterlampen«.

Warum aber dürfen Nebelscheinwerfer gelb sein, die Scheinwerfer für Abblend- und Fernlicht hingegen nicht?

Weil Autoscheinwerfer mit »gelben« Filtern (ob direkt auf dem Glaskolben oder in der Streuscheibe) den Effekt haben, dass der Blauanteil, der bei Nässe und (Sprüh-)Nebel stärker gestreut wird, aus dem Spektrum des Scheinwerferlichts herausgefiltert wird. Dadurch sinkt die Reflexion des Scheinwerferlichts auf nassen Oberflächen und Nebeltröpfchen, so dass die Eigenblendung für den Fahrer sich verringert. Sprich: Es gelangt mehr Licht auf die Netzhaut, der Fahrer sieht im Nebel mehr. Die Sicht verbessert sich also tatsächlich. Heller sind die gelben Lampen aber an sich nicht. Und: Gelbes Licht strengt das Auge mehr an als weißes – die entgegenkommenden Fahrer werden die gelben Scheinwerfer entsprechend verfluchen ...

Explodierende Tankstellen und Autos

 Irrtum:

Eine glimmende Zigarette kann eine ganze Tankstelle in die Luft sprengen und ein Auto bei einem Crash explodieren.

 Richtig ist:

Theoretisch ist beides möglich, praktisch aber wohl nur im Fernsehen; denn für eine Explosion müssen bestimmte Voraussetzungen erfüllt sein, die bei Tankstellen und Autos praktisch ausgeschlossen sind.

Bei Sat.1 und RTL gibt es kaum einen Autounfall, der nicht in einem Feuerball endet. Pyrotechniker sind bei den Produktionen des privaten Fernsehens immer gut gebucht; ein »Knall-Effekt« mit Rauch und Flammen kommt eben immer gut an beim Zuschauer. Auch explodierende Tankstellen stehen hoch im Kurs.

In der Praxis müssen aber sowohl beim Autotank als auch für die Tankstelle zunächst einmal alle Parameter für eine Explosion (laut ISO 8421-1, EN 1127-1 »eine plötzliche Oxidations- oder Zerfallsreaktion mit Anstieg der Temperatur, des Drucks oder beider gleichzeitig«) vorhanden sein: ein brennbarer Stoff, Sauerstoff und eine Zündquelle. Der brennbare Stoff auf einer Tankstelle ist der Kraftstoff, Sauerstoff gibt es in der Umgebungsluft, und die Zündquelle könnte in der Tat ein glimmender Zigarettenstummel sein.

Das allein reicht aber noch nicht aus. Zunächst müsste sich der brennbare Stoff mit dem Luftsauerstoff zu einem zündfähigen Gemisch verbinden, möglichst im stöchiometrischen Verhältnis: bei Benzin und Luft liegt das bei etwa 1:14,7 (ein Teil Benzin auf 14,7 Teile Luft). Da an Tankstellen normalerweise keine Treibstoffseen zu finden sind, ist der Luftanteil immer wesentlich größer als der eine oder andere Benzin- oder Dieselspritzer. Das Gemisch ist also zu dünn, um zündfähig zu sein. Ein Automotor würde mit einer solchen Mischung im Brennraum entweder gar nicht anspringen oder stark ruckeln.

Hinzu kommt die geringe Energie einer glimmenden Kippe: Fiele sie in eine Benzinpfütze, würde sie im Winter vermutlich verlöschen und im Sommer vielleicht das Benzin entzünden, aber bestimmt nicht explodieren lassen.

Da es aber immer zufällige Besonderheiten geben kann, ist die Explosionsgefahr auf Tankstellen nicht mit allerletzter Sicherheit gebannt. Das Rauchverbot ist also unbedingt einzuhalten, und mit der Zündquelle Handy sollte während des Tankens ebenfalls nicht hantiert werden. Sonst hören wir womöglich doch alle erstmals von einer explodierten Tankstelle …

Und beim Auto selbst? Auch hier gelten die oben genannten Voraussetzungen; die Zündquelle könnte dann statt der Zigarettenkippe irgendein glühendes Teil des Auspuffs oder ein schlecht isoliertes und dadurch funkenschlagendes Kabel der Zündanlage sein, welches das zündfähige Gemisch just im Augenblick eines Crashs entzündet. Das zündfähige Gemisch bestünde wieder aus dem Sauerstoff der Umgebungsluft und dem Kraftstoff aus dem Tank (Diesel fällt hier wegen seiner relativen Trägheit aus, Benzin indes gerät schon mal in Brand, etwa durch eine leckgeschlagene Kraftstoffleitung, die ihren Inhalt auf das heiße Auspuffrohr spuckt). Eine fernsehtaugliche Explosion wird nicht zu beobachten sein, aber ein unter großer Qualmentwicklung verbrennendes Auto kommt schon mal vor.

Autos können nicht explodieren . . .

Stimmt nicht – heißt es. Aber das wiederum *kann* doch nicht stimmen, oder?

Da haben wir jahrelang geglaubt, Fernsehen bildet. Weshalb wir uns ja auch in so intimen Dingen wie Kinderkriegen und Geburtsablauf bestens auskennen: Frau bricht akut und unter großen Schmerzen zusammen und muss *sofort* mit Presswehen ins Krankenhaus, wo sie im OP unter großem Geschrei *sofort* das Kind auf die Welt bringt. Kaum ein Bildschirmbaby wird ohne akute Presswehen geboren, andere Phasen des Geburtsablaufs existieren quasi nicht, jedenfalls nicht im Fernsehen. Wie langweilig wäre es auch, die dicke Gebärende stundenlang am Wehenschreiber zu sehen.

Auch in Sachen Autos ist das Fernsehen ganz eindeutig: Gibt es einen Crash, dann brennt das Auto kurz, bevor es im nächsten Moment in einem geradezu nuklearen Feuerball explodiert. Immer wieder werden wir am Bildschirm Zeuge, wie die Hauptfigur gerade noch mit einer gekonnten Judo-Rolle in den Zehntelsekunden, die einem von der Entflammung des Autos bis zur Detonation bleiben, aus einem brennenden Wrack entkommt. Kaum ist der Held keuchend in Sicherheit, macht es Boooom, und das Auto verwandelt sich in ein gigantisches Inferno. Toll! Und wahnsinnig cool.

Autoexplosionen, so lernen wir vor dem Bildschirm, könnten ganze Stadtteile in Schutt und Asche legen. Aber die nur wenige Meter entfernt liegenden Helden stehen immer wieder auf – etwas Öl an der Wange, vielleicht ein versengtes Hosenbein und eine adrette Schramme an der Stirn. Und wir sehen: Man *kann* es schaffen, sich aus so einem brennenden, kurz vor der Explosion stehenden Auto zu retten – gutaussehend!

Es sollte sich mal jemand die Mühe machen zu zählen, wie oft Autos in Film und Fernsehen explodiert sind. Zwei Hände reichen nicht aus, dafür würde ich eine davon ins Feuer legen. Und dann will man mir erzählen, in Wirklichkeit ginge das gar nicht? Wenn Autos brennen, explodieren die gar nicht, ja *können* gar nicht explodieren? Das darf nicht wahr sein. Ich habe mich doch nicht umsonst jahrelang bei Actionserien bilden und schulen lassen. Ich weiß doch genau, wie man aus einem brennenden Fahrzeug rausrollt und dabei auch noch cool und sexy aussieht. Ich weiß doch, dass ich sofort hinter irgendetwas Schutz suchen muss, damit mir die explodierenden Autoteile nicht um die Ohren fliegen, und ich habe mir genau abgeguckt, wie ich meinen Sitznachbarn aus dem brennenden Wrack retten muss. Ich weiß, wie das geht, ich habe das alles mit meinen eigenen Augen gesehen – also, am Bildschirm halt ...

Keine Diesel-Cocktails für den Tank

👎 Irrtum:

Im Winter sollte man Benzin oder Petroleum zum Diesel mischen, damit dieser auch bei starken Minusgraden flüssig bleibt.

👍 Richtig ist:

Heutzutage besitzen Diesel-Fahrzeuge hochmoderne diffizile Einspritzanlagen. Wer hier Benzin oder Petroleum beimischt, riskiert einen kapitalen Schaden an der Einspritzpumpe. Außerdem wird jährlich ab Oktober spezieller Winterdiesel ausgeliefert.

»Der ADAC meldete nach dem ersten Nachtfrost stark ansteigende Einsatzzahlen der gelben Engel.« Alle Jahre wieder gibt es bei den Pannenhelfern Spitzenzeiten, sobald die Temperaturen die Nullgradgrenze deutlich unterschreiten. Meist sind dafür zu alte oder ungepflegte Batterien verantwortlich, seit dem Dieselboom Mitte der 90er Jahre aber auch zunehmend vernachlässigte Diesel-Einspritzanlagen.

Das Grundproblem mit Dieselmotoren im Winter liegt vor allem beim Kraftstoff: Normales Dieselöl (dem gemeinen Heizöl chemisch zum Verwechseln ähnlich) scheidet bei Temperaturen um den Gefrierpunkt Paraffin aus. In kalter Umgebung wird der Kraftstoff dadurch erst trübe und schließlich fast fest. Befindet sich also Dieseltreibstoff ohne Fließverbesserer im Kraftstoffsystem eines Laternenparker-Autos, fließt nach einer langen frostigen Nacht nichts mehr durch die Leitungen – der Motor versagt mangels Kraftstoff.

Dieses Phänomen ist seit jeher bekannt und wurde bei den ersten Vorkammer-Dieselmotoren durch Beimischung von Normalbenzin oder Petroleum behoben. In klirrend kalten Nächten konnte die Beimischung von Petroleum (das dem Dieselkraftstoff ähnlicher ist als Normalbenzin) bis zu 50 Prozent betragen. Mit dieser Mischung sprang der Motor zwar an, lief aber nicht sehr gut.

Der Dieselmotor von heute hat freilich mit dem Raubauz von einst fast nichts mehr gemein. Bekam der OM 616 (OM = Ölmotor, Mercedes-Benz-Deutsch für Diesel) des klassischen Taxis seinen Kraftstoff mit einem Druck von 125 bar zugeführt, so erfolgt das bei einem modernen Common-Rail-Triebwerk mit satten 1800 bar.

Allein dieser unterschiedliche Einspritzdruck zeigt den Entwicklungssprung der Dieselmotorentechnik in den letzten Jahren. Neben Leistungssteigerungen ging es dabei in erster Linie um Effizienz- und Umweltschutzfragen, so dass aus dem Dieselmotor bis heute die reinste Chemiefabrik wurde. Um allen Anforderungen von Gesetzgeber und Markt gerecht zu werden, hatten die Konstrukteure manchen Klimmzug zu absolvieren. Einer davon war die Einengung bei den Toleranzen der Kraftstoffe. Und wenn einer der größten Zulieferer von Dieseleinspritztechnik seine Systeme nicht einmal für den Betrieb mit Bio-Diesel freigibt, sind »Selbstmischer« wohl erst recht nicht erwünscht.

Sobald sich die Zusammensetzung des genormten Kraftstoffes im Tank verändert, besteht für die hochfeinen Komponenten der Kraftstoffaufbereitungsanlage eines modernen Dieselfahrzeugs höchste Gefahr! Geht es selbst mit dem heute ab Oktober an Tankstellen ausgeschenkten Winterdiesel nicht weiter, der nach Aussage der Tankstellen immerhin bis zu minus 23 Grad »frostfest« ist, dann ist entweder die Vorheizung der Kraftstoffanlage defekt, der Kraftstofffilter zugesetzt oder der Motor bereits so verschlissen, dass er kältebedingt nicht mehr anspringt. Da hilft dann auch weder Petroleum noch Benzin. Ist bei strengem Frost noch Sommerdiesel im Tank, hilft nur der Abschlepper (und eine Nacht in der geheizten Tiefgarage eines Hotels). Selbstmischer mit Normalbenzin oder Petroleum sollten ihr Glück nur an Autos versuchen, die *vor* 1995 gebaut wurden. Die sind allerdings aus Umweltschutzgründen geächtet und sollen ohnehin nicht mehr fahren. So kann man das Fließproblem bei Kälte auch lösen ...

Die Magie der Spritmarken

 Irrtum:
Markensprit ist besser als No-Name-Angebote.

Richtig ist:
Die Anzahl der zur Tankstellenbelieferung bereitstehenden Erdölraffinerien ist begrenzt. Daher bekommen benachbarte Tankstellen ihren Sprit alle aus dem gleichen Hahn. Markentankstellen bieten keinen besseren Sprit als No-Name-Tanken. Unterschiedlich sind höchstens die Additive – ob die den Kraftstoff wirklich besser machen, ist fraglich.

Kaum ein Mythos ist so wirkungsträchtig wie der vom motorschonenden Markenkraftstoff, der zudem angeblich für mehr Kilometer aus einer Tankfüllung sorgt als fremder Billigsprit.

Dabei sind alle Verbrennungsmotoren – egal, ob Benziner oder Diesel – auf einen nach internationalen Normen hergestellten Kraftstoff hin optimiert und abgestimmt. In Deutschland darf nur Kraftstoff nach DIN EN 228 verkauft werden – und den verbrennt jeder Motor klaglos und in der Regel auch schadstoffarm. Diese Norm definiert Mindestkriterien für Zusammensetzung, Reinheit und Klopffestigkeit.

Alles, was qualitativ darüber hinausgeht und unter Umständen beispielsweise für eine bessere Zündwilligkeit sorgen
kann, wird gerne mit verbrannt, von den allermeisten Motoren aber gar nicht ausgenutzt.

Qualitative Markenunterschiede beim Standardsprit gibt
es also nicht und auch keinen zwischen Marken- und
No-Name-Anbietern. Wohl aber bieten manche Marken
zusätzlich qualitativ höherwertigen Kraftstoff an. Dieser wird
unter Namen wie »Ultimate 102« und »V-Power Racing«
verkauft. Diese Sorten haben höhere Oktanzahlen, die es
der Motorsteuerung erlauben, die Zünd- und Einspritzpara-
meter in Richtung »mehr Leistung« zu verändern. In der Tat
zieht der Motor bei der Verwendung solcher Kraftstoffe
besser und fährt mit einer Tankfüllung unter sonst gleichen
Bedingungen mehr Kilometer. Aber: Das Edelgebräu kostet
wesentlich mehr als der Standardsprit und natürlich viel
mehr als die »Billig-Plörre« von der Supermarkt-Tanke. Und
wenn man den Kraftstoffverbrauch (Liter pro 100 km) auf
den Geldverbrauch (Euro pro 100 km) umrechnet, ergibt
sich die Antwort auf die Frage nach dem besseren Sprit von
selbst …

Unterm Strich ist der Kraftstoff, den man in einer Region
kaufen kann, übrigens immer aus derselben Raffinerie. Der
Tanklastzug fährt nämlich nacheinander unter die örtlichen
Füllventile, lässt einmal volllaufen, und ab geht's zur nächsten
Tankstelle. Ob die nun »No Name« oder »Markentank-

stelle« heißt, ist dem Kraftstoff völlig egal. Im Idealfall kippt der Tankwagenfahrer vor der Lieferung noch ein Fläschchen Additiv aus dem Labor der jeweiligen Markenkraftstoff-Firma in den Kessel. Ob der allerdings mehr als die Farbe des Rohbenzins verändert, hängt von der persönlichen Weltanschauung ab.

Nicht von Pappe

👎 Irrtum:

Im Winter hilft ein Stück Pappe vor dem Kühler, um den Motor nach dem Anlassen schneller zu erwärmen.

👍 Richtig ist:

Nur wenn das normalerweise verbaute Kühlwasserthermostat nicht ordnungsgemäß funktioniert, lässt sich eine schnellere Erwärmung auf diese Weise herbeiführen. Die Methode ist riskant, weil der Motor schnell überhitzen kann.

Kältefester Kunststoff mit abgesteppter Polsterung, exakt auf die Kühlermaske zugeschnitten und versehen mit Ösen zum Befestigen: Bis vor gar nicht langer Zeit gab es solche »Kühlermasken« zu kaufen, passend zum jeweiligen Automodell. Speziell Taxifahrer versuchten sich den Tag zu erwärmen, indem sie dem kalten Fahrtwind den Zutritt zum Wasserkühler erschwerten und hofften, dass sich der Motor und dadurch auch der Innenraum schneller erwärmte.

Dabei sorgte dieser Trick schon damals keineswegs für ein höheres Temperaturniveau auf dem Fahrersitz. Stattdessen stieg das Risiko eines Motorschadens wegen Überhitzung. Die Theorie der Motorkühlung ist recht simpel: Es gibt zwei Kühlkreisläufe: einen großen und einen kleinen. Der kleine Kühlkreislauf beschreibt den Kühlwassermantel des Motorblocks, der sich nach dem Motorstart natürlich sehr schnell sehr stark erwärmt. Der kleine Kühlwasserkreislauf ist aber über einen automatischen Wasserhahn, den Fachleute »Thermostat« nennen, mit dem großen Kühlkreislauf (der den Rest des Kühlsystems mit dem eigentlichen Kühler verbindet) verbunden. Wenn es dem kleinen zu heiß wird, öffnet sich das Thermostat und mischt etwas kaltes Wasser aus dem großen Kreislauf dazu. Fällt die Temperatur wieder unter etwa 76 Grad, schließt sich das Thermostat und öffnet erst erneut, wenn der kleine Kühlkreislauf über 82 Grad warm wird. So geht es immer hin und her, bis das System beider Kreisläufe gleich warm ist und das Thermostat geöffnet bleiben kann. Dieser Zustand tritt im Sommer recht bald, im Winter hingegen erst nach rasanter Autobahnfahrt oder langem Stop-and-go-Verkehr ein.

Ist das Thermostat defekt und verharrt in geöffneter Stellung, dauert es im Sommer wesentlich länger, bis das ganze Kühlwasser warm und der Motor auf Betriebstemperatur ist. Im Winter erreicht er diese möglicherweise nie, so dass – und jetzt kommt es – die Heizung kein warmes Wasser abbekommt, um den Innenraum zu erwärmen. Wer also jemals frierend auf Taxikunden gewartet hat, wird die Idee mit der Pappe vor dem Kühler ganz sexy finden. In der Tat gelingt es dank dieser Technik, das Temperaturniveau im Kühlsystem anzuheben und die Heizleistung zu verbessern. Das gilt aber ausschließlich für Kühlsysteme, deren Thermostat *defekt* ist. Und »anheben« bedeutet nicht »durchgreifend erwärmen«.

Das Pappschild vor dem Kühler ersetzt nicht das Auswechseln des Thermostats, wenn man es im Auto warm haben will, ohne den Motor zu überhitzen. Das Pappschild schneidet den zur Kühlung nötigen Kühlluftstrom nämlich auch dann ab, wenn alles schon schön warm oder sogar zu warm ist ...

Multimedia als Sonderausstattung?

👎 Irrtum:

Multimedia-Extras ab Werk sind besser als nachgerüstete.

👍 Richtig ist:

Geräte aus der Aufpreisliste sind fast immer technisch überholt und zu teuer.

Die Zeit, die wir hinterm Lenkrad verbringen, nimmt zu. Verantwortlich dafür ist nicht nur die Verkehrsdichte, die uns in Staus festhält, sondern auch die allgegenwärtige Forderung nach mehr Flexibilität und Mobilität. Neben Unterhaltung sollte die Multimedia-Abteilung des Autos deshalb idealerweise auch Informationen zum Auto (Durchschnittsverbrauch, Wassertemperatur, Restreichweite, Außentemperatur etc.) und vor allem zur aktuellen Verkehrssituation auf der geplanten Route bieten (also Stau- und Verkehrsinformationen und Hilfe bei der Navigation). Technisch ist das heute kein Problem. Entsprechendes Equipment kann man durch simples Ankreuzen der jeweiligen Option beim Neukauf eines Autos bestellen – natürlich gegen einen nicht unerheblichen Aufpreis.

Wer Navigationssystem, On-Board-TV oder die Dolby-Anlage »ab Werk« ins Armaturenbrett einfügen lässt, erhält eine optisch perfekte Lösung – schließlich sind die Designabteilungen der Autokonzerne schon während der ersten Vorstudien zu einem neuen Modell im Gespräch mit den Multimedia-Experten ... Doch genau das ist die Krux der »Ab-Werk-Lösungen«: Die Entwicklungszeit eines neuen Pkw-Modells dauert fünf bis sieben Jahre, die Produktzyklen in der Elektronik-Industrie hingegen liegen bei zwölf bis 18 Monaten. Das heißt: Kommt der letzte Schrei des Multimedia-Zulieferers frischgebacken zur »Anprobe«, wird de facto der spätere Serienzustand festgelegt, und der Zulieferer muss sich verpflichten, das einmal eingepasste System auch dann weiter zu produzieren, wenn es bereits viel modernere Nach- bzw. Nachnachfolge-Produkte gibt. Fazit: Das vom Kunden teuer erworbene Multimedia-Extra ist zwar gut, aber eben nicht auf dem aktuellen technischen Stand der Dinge. Im schlimmsten Fall erscheint es einem schon bald als vergleichsweise langsam, schlecht ablesbar, umständlich zu bedienen und inkompatibel mit neuen Speichermedien. Da tröstet es nur wenig, dass es schick aussieht, ideal zum Design des Armaturenbretts passt und den Fahrer nicht beim Bedienen des Autos stört.

Alternativ kann der Neuwagenkäufer natürlich komplett auf fest eingebaute Multimedia-Komponenten verzichten oder eine preiswerte Minimalvariante wählen, auf der später aufgebaut wird. Der Zubehörbereich auf diesem Gebiet hat sich nämlich inzwischen extrem spezialisiert und ist in der Lage, nicht nur optisch passende Geräte anzubieten, sondern selbige auch ins fertige Auto einzubauen und in die Bordelektronik zu integrieren. Das Ganze kostet dann deutlich weniger als die »Ab-Werk-Lösungen« und ist technisch auf dem neuesten Stand.

Wahre Männer brauchen kein Navi

Vielleicht ist es Ihnen auch schon aufgefallen: Männer fragen *nie* nach dem Weg. Selbst dann nicht, wenn sie schon zehn Mal an der gleichen Kreuzung vorbeigekommen sind und langsam selbst dem trägsten Hirn klar werden müsste, dass an dieser Route etwas geändert werden und man vielleicht mal anhalten und auf eine Karte gucken oder jemanden fragen sollte. Lieber aber fährt der Mann am Steuer noch ein elftes Mal über dieselbe Kreuzung und behauptet selbstbewusst: »Ich kenn den Weg.« Bei dem alten Ehepaar, das nach zwölf Stunden verzweifelter Fahrt auf der A9 angehalten wurde und erklärte, man habe nur mal schnell Bekannte im Nachbardorf besuchen wollen und sei sich sicher, das Ziel sei gleich erreicht, saß ganz sicher der Mann am Lenkrad ...

Warum das so ist? Keine Ahnung. Aber hier zumindest der Versuch einer Erklärung für dieses Phänomen anhand eines anonymisierten Interviewprotokolls:

Warum fragst du eigentlich nie nach dem Weg?

»Weil es in meinem Fall verschenkte Liebesmüh ist. Schließlich würde ich dann ja Menschen in einer mir fremden Gegend fragen. Und wenn ich jemanden gefunden hätte, könnte ich mich nur noch darauf konzentrieren, *wie* mir der Weg beschrieben wird – am besten noch mit Dialekt ... Nee, nee, das ist oft so absurd, dass ich mir deren Beschreibung eh nicht merken kann. Wenn ich dann weiterfahre, weiß ich gerade noch ›da vorne links‹, den Rest habe ich schon vergessen.«

Aber dann könntest du doch wieder jemanden fragen ...

»Klar, aber ich kann ja nicht an jeder Ecke anhalten und nach dem Weg fragen!«

Aber warum nicht?

»Weil die meisten den Weg eh nicht wissen. Die überlegen dann stundenlang und reden wirres Zeug. Warum soll ich die fragen? Außerdem: Fragst du drei Leute, kriegst du drei verschiedene Wege. Da bin ich also auch nicht schlauer als vorher.«

Aber Frauen fragen doch auch und kommen an. Ich habe fast die Vermutung, ihr Männer habt ANGST zu fragen?!

»Völliger Quatsch, ich hab doch keine Angst. Wovor soll ich Angst haben? Wenn ich im dunklen Wald einem Bären gegenüberstehen würde, den würde ich nicht fragen, denn da hätte ich Angst. Dass Männer sich nicht trauen, nach dem Weg zu fragen, ist ein weibliches Vorurteil, damit ihr wieder was habt, um auf uns Männern herumzuhacken.«

Aha. Trotzdem noch mal: Ich habe das Gefühl, Männer fragen generell nicht gerne, wo und wie sie etwas finden ... Warum nicht?

»Weil wir eben nicht gern fragen! ›Selbst ist der Mann‹. Und wenn ich fünf Stunden durchs Kaufhaus irre auf der Suche nach der Schuhabteilung... Egal! Das ist so etwas wie Pioniergeist. Die großen Entdecker der Welt – Magellan, Columbus, Behring... – allesamt Männer, und die haben auch nicht nach dem Weg gefragt. Ich bin eben auf den Spuren von Christopher Columbus! Und irgendwann kommt man ja an.«

Aber irgendwie scheint es dem einen oder anderen Columbus-Nachfolger wohl doch etwas peinlich zu sein, den Weg nicht zu kennen; schließlich war es ein Mann, der das Navi erfunden hat, oder?

»So ein Blödsinn... Dass ein Mann das Navi erfunden hat, liegt einfach daran, dass alle großen Sachen von Männern erfunden wurden!«

Keine weiteren Fragen...

Wir halten fest: Männer fragen nicht nach dem Weg, weil sie große Entdecker sind. In den Tiefen ihres Daseins sind sie immer noch Jäger und Sammler – und schnarchen natürlich auch nur, um uns Frauen vor den wilden Bären zu beschützen. Danke auch dafür! Und hey, selbst die schäbigste Kreuzung kann man sich nach dem zehnten Mal Drüberfahren schöngucken...

Original vs. Kopie

☞ Irrtum:

Originalersatzteile sind besser als Ersatzteile aus dem Zubehörhandel.

☞ Richtig ist:

Ersatzteile aus dubiosen Quellen sind oft von minderer Qualität. Ansonsten aber unterscheiden sich Original-ersatzteile und Zulieferteile aus dem Ersatzteilgeschäft nur bei der Verpackung.

Die Automobilindustrie arbeitet »arbeitsteilig«, das heißt mit Produktionspartnern. Denn die großen Hersteller formatie-ren, konstruieren und bauen ihre Produkte nicht von A bis Z selbst, sondern ordern sehr viele Teile (bis zu 80 Prozent!) bei hochspezialisierten Zulieferern, um daraus einen teuren Neuwagen unter eigenem Logo zu montieren.

Die von den Zulieferern hergestellten Teile gibt es natür-lich auch als Ersatzteile beim Vertragshändler der jeweiligen Automarke zu kaufen. Wer zum Beispiel für seinen VW-Golf einen neuen Scheinwerfer kaufen möchte, wird dort ein entsprechendes Ersatzteil bekommen – garantiert zum Mo-dell passend, mit dem VW-Logo auf der Verpackung und als »Originalersatzteil« entsprechend hochpreisig. Der Scheinwerfer wird jedoch nicht in Wolfsburg und auch sonst nirgends auf der Welt von VW-Arbeitern gefertigt und verpackt, sondern bei Hella in Ostwestfalen, Bosch in Baden-Württemberg, Valeo in Frankreich oder bei deren Tochter-firmen in Brasilien ... Diese Aufzählung ließe sich um viele Hersteller und Produktionsstandorte erweitern.

Man könnte also statt zum teuren »Originalersatzteil« mit Markenlogo zum identischen Teil direkt vom Hersteller greifen. Diese »Identteile« werden von den Zulieferern über den freien Kfz-Ersatzteilhandel vertrieben und dort in der Regel 20 bis 40 Prozent preiswerter angeboten. Ohne Verpackung und ins Auto eingebaut lässt sich das Identteil nicht mehr vom sogenannten Originalteil unterscheiden.

Das ist längst kein Geheimtipp mehr. Deshalb versorgen sich sehr viele Autofahrer mit Identteilen, um Geld zu sparen. Der Autoindustrie ist das natürlich ein Dorn im Auge; denn der Teileverkauf ist deutlich lukrativer als der Verkauf von kompletten Autos.

Darum bemüht man sich dort um die Austrocknung dieses Marktes: Bei neu auf den Markt kommenden Autos verbieten die Hersteller ihren Zulieferern, bestimmte Komponenten als Identteile zu veräußern; diese sind also für gewisse Zeit »gesperrt« und nur als teure Originalteile erhältlich.

In diese Lücke des »Aftermarktes« springen nun Hersteller, die nicht vertraglich an die Autokonzerne gebunden sind. Das können namhafte Firmen sein, die in den harten Verhandlungen mit den OEMs (Original Equipment Manufacturers = Autohersteller) zwar keinen Zulieferervertrag bekommen haben, aber durchaus in der Lage sind, entsprechende Teile zu produzieren.

Ersatzteile von Herstellern, die nicht zu den Original-Zulieferern gehören, werden deshalb als »Nachbauteile« bezeichnet. Deren Qualität *kann* mit den Original- oder Identteilen mithalten, *muss* aber nicht. In diesem Segment tummeln sich nämlich viele Angebote asiatischer, russischer und indischer Hersteller, die qualitativ meist abfallen.

Sind diese Teile rechtlich zum Einbau in deutsche Autos zugelassen (erkennbar an der Zulassungsnummer des Kraftfahrtbundesamtes), lässt sich viel Geld sparen. Doch in der Regel halten Nachbauteile nicht so lange oder haben geringere Leistungen als Original- und Identteile. Der Einsatz von Nachbauteilen lohnt sich eigentlich nur, wenn man ein Auto fährt, dessen Lebensdauer aufgrund seines Alters oder Zustands ohnehin absehbar ist.

Grundsätzlich sollte man bei Autoersatzteilen nicht zu geizig sein. Übers Internet kommen auch in Deutschland immer mehr Ersatzteile aus dubiosen Quellen auf den Markt. Während die Autokonzerne und Zulieferer Dumpingpreise und Umsatzeinbrüche durch »Fälschungen« befürchten, warnen Techniker vor minderwertigem Pfusch. Insbesondere bei Ersatzteilen für die Bremsanlage sollte der

Ersatzteilkäufer nach der Zulassungsnummer des Kraftfahrt-bundesamtes (KBA) suchen. Das ist zwar auch keine hundert-prozentig sichere Information für die Zulässigkeit, trennt aber zumindest die Spreu vom Weizen.

Unterm Strich ist der gut sortierte, mittelständische Kfz-Zubehörhandel als Ersatzteilquelle die erste Wahl. Beim Kauf im Internet geht jeder technisch nur durchschnittlich informierte Autofahrer hingegen ein Risiko ein. Die Bera-tung durch einen Ersatzteil-Fachverkäufer ist unverzichtbar und spart oft bares Geld. Schließlich kennt so ein Profi nicht nur das exakt passende Ersatzteil und weiß alles rund um eventuell benötigte Dichtungen und Kleinteile, sondern findet ganz sicher auch die günstigsten Quellen (nicht zu-letzt, weil er sich gegen die Internetanbieter behaupten möchte …).

Eigentlich sind wir doch alle ein bisschen Fachmann!

Das ist wirklich eher ein Phänomen als ein Fakt! Man nehme ein x-beliebiges Autoproblem und ver-künde es in einer Runde von beispielsweise zwölf Männern – und schwups, hat man sofort zwölf *Fach*männer vor sich. »Ich würde sagen, das liegt am Zündanlassschalter!«, sagt der eine. »Nee, also

ich sag dir, das ist die Ansaugpumpe«, meint der
andere. »Ganz falsch, ich kenne das, das hatte ich
auch mal. Das ist eindeutig ein Problem am Vertei-
ler – da ist ein Ansaugstutzen kaputt«, fachsimpelt
der Dritte.

Die Fähigkeiten zur sofortigen *aktiven* Problem-
behebung mögen begrenzt sein, aber der *verbale*
Einsatz ist enorm. Regelrecht großkotzig wird mit
Fachworten um sich geworfen, auf die eigene Brust
getrommelt, ein Vorschlag nach dem anderen vom
Tisch gefegt, um es besser zu wissen ... Könnte
man Testosteron schneiden, hier wäre die Gelegen-
heit, es kiloweise am Stück mit nach Hause zu
nehmen.

Ganze Abende sollen Männer schon mit fern-
diagnostischen Reparaturgesprächen und Fehler-
diagnoseklugscheißerei zugebracht haben. Helden
der theoretischen Montage! Technischer Sachver-
stand in Hochpotenz!

Nur repariert ist das Auto am Ende nicht.

Würde man mit zwölf Frauen zusammenste-
hen, wäre die einhellige Antwort auf das Autoproblem: »Dann musste wohl in die Werkstatt!« Und
schon hätte man wieder Zeit für die wichtigen
Themen ...

Strom im Auto kostenlos?

👎 Irrtum:
Der Strom im Auto ist umsonst, weil die Lichtmaschine ja ohnehin mitläuft.

👍 Richtig ist:
Die Lichtmaschine läuft in der Tat immer mit; die zusätzliche Last aber wird mit steigender Leistungsabgabe größer. Wenn viele Verbraucher im Auto in Betrieb sind, muss der Motor schwerer arbeiten, um die Lichtmaschine zu drehen.

Wer jemals bei laufendem Motor unter seine Motorhaube geguckt hat, wird sich vor allem an rotierende Scheiben und mitlaufende Riemen erinnern. Früher waren es Keil-, heute sind es Multirippen- und Zahnriemen. Sie treiben Nebenaggregate an, also auch die Lichtmaschine.

Die Lichtmaschine ist die Stromquelle des Autos; ohne sie würde der Motor gar nicht erst anspringen (weil sie während der Fahrt die »Starter«-Batterie fit hält!). Da die Lichtmaschine permanent angetrieben wird, kann man auch permanent elektrische Energie aus ihr herausholen. Somit könnte man auf die Idee kommen, es sei egal, ob nun die heizbare Heckscheibe an oder aus ist. Während der Fahrt wird der »Saft« ja ohnehin produziert, warum sollte man ihn dann nicht verbraten?

Ganz einfach: weil der Tank dadurch schneller leer wird. Würde der Strom »einfach so« erzeugt, wäre das Auto in dieser Hinsicht ein Perpetuum mobile, würde also über einen Mechanismus verfügen, der ohne äußere Energiezufuhr funktioniert, sobald er in Gang gesetzt wurde. Aber auch für das Auto gilt der Energieerhaltungssatz: Grundsätzlich kann die Lichtmaschine im Auto, die eigentlich ein Drehstrom-Generator ist, nicht mehr elektrische Energie erzeugen, als ihr an ihrer Eingangswelle zugeführt wird. Wenn eine Lichtmaschine konstruktiv in der Lage ist, maximal 800 Watt Leistung abzugeben, kann man an das Bordnetz beispielsweise keine Verstärker anschließen, die 1200 Watt brauchen. Auf den ersten Kilometern ist der Sound zwar fantastisch, doch irgendwann ist die Batterie, die die Lichtmaschine dann um die fehlenden 400 Watt unterstützen muss, leer und liefert keinen Strom für die Zündung. Das Auto bleibt stehen.

Es gilt: Je weniger Leistung der Lichtmaschine abverlangt wird, desto leichter dreht sie. Deswegen quietscht im Winter plötzlich der Antriebsriemen, wenn man das Abblendlicht einschaltet – kein Wunder, die Lichtmaschine muss plötzlich etwa 130 Watt mehr aufbringen und läuft deshalb schwerer, der Riemen rutscht durch. Ähnlich ist es nach einer frostigen Nacht: Kurz nach Anlassen des Motors quietscht der Keilriemen nervtötend, weil die Lichtmaschine nun viel Strom in die leergeorgelte Batterie schaufeln muss und entsprechend schwer dreht.

Jede zusätzlich in den Antrieb der Lichtmaschine fließende Leistung steht nicht für den Vortrieb zur Verfügung. Unmerklich tritt man das Gaspedal also ein ganz klein wenig weiter durch, egal ob wegen der Klimaanlage oder der Heckscheibenheizung – und treibt den Verbrauch damit in die Höhe.

Eine Klimaanlage im Auto ist eine Errungenschaft

Stimmt nicht. Klimaanlagen im Auto sind 1. ein weiteres Stückchen Niedergang der Gattung »Autofahrermacho« (was zu verschmerzen wäre), 2. der Grund für eine das Gesundheitssystem schädigende Dauerbronchitis und 3. ein weiterer Sargnagel der Sprache, ganz zu schweigen von 4. unnötig umweltbelastend. Letzteres liegt auf der Hand, wenden wir uns also den ersten drei Punkten zu.

1. Ein kurzer Exkurs in die Funktion einer Klimaanlage: Man macht sie an, die Kühlflüssigkeit kommt in Gang und bläst kalte Luft in den Fahrgastraum. Das Ganze ist aber nur sinnvoll, wenn die Fenster geschlossen sind. Der Satz »Mach das Fenster zu, die Klimaanlage bringt sonst nichts«

zählt zum Standardrepertoire jedes Klimaanlagen-
autofahrers. Die Fenster bleiben also zu. Und während Mann ehemals gerne selbiges herunterkur-
belte, um lässig, locker, männlich den Arm auf sein
»Baby« (die Fahrertür) zu legen, sind diese Zeiten
nun vorbei. Da kann man fast nostalgisch werden:
Das Auto quasi unter die Achseln geklemmt, cruiste
er durchs Dorf und durch die weite Welt. Sofort war
es da, das Gefühl von Roadmovie und lonesome
Cowboy far away from home. Zudem konnte der
außerhalb des Autos mitfahrende Arm auch all jene
grüßen, die bewundernd auf den frisch polierten
Schlitten blickten. Sichtbares Resultat war der klas-
sisch gebräunte linke Arm. Seit der Erfindung der
Autoklimaanlage ist es vorbei mit dem männlichen
Gepose, sommers wie winters kalkweiße Arme. Das
Gefährt tropft an der Ampel mit Kondenswasser
und ist zwar kühl, aber uncool.

2. Folge dieser uncoolen Kühle im Auto ist die
Dauerbronchitis. Das Außenthermometer zeigt
27 Grad Celsius, also Klimaanlage an. Im ersten Moment denkt man: »Ach, wie herrlich, so angenehm
kühl.« Aber dann: spontaner Ausbruch schwerer
Nebenhöhlen-Vereiterungen. Und nach nur einer
halben Stunde Klimananlagenautofahrt hat man
abends einen jammernden Mann, der schnieft, man

müsse ihn jetzt pflegen. Danke auch: Statt Macho-Armraushalter haben wir jetzt Bronchitis-Jammerer.

Den erfahrenen Klimaanlagenautofahrer erkennt man daher auch im Sommer an dem dicken Schal um den Hals. Den Klimaanlagenneuling indes erkennt man daran, dass er alle drei Sekunden an den Gebläse-Richtungen dreht, um den optimalen Winkel einzustellen, der ihn vor dem Luftzug bewahrt. Den optimalen Winkel gibt es allerdings nicht, den Luftzug hingegen immer. Vielleicht ist das Ganze sogar so durchtrieben, dass die Autoklimaanlagenhersteller mit der Pharmaindustrie zusammenarbeiten – soweit meine Verschwörungstheorie.

3. Die sprachliche Krönung des Ganzen: Aus »Klimaanlage« ist mittlerweile nur noch »Klima« geworden. »Auto xy nur xy Euro, mit Klima!«, bellt es einem in der Werbung entgegen. Was heißt das – »mit Klima«? Was will mir die Werbung damit sagen? Gibt es Autos ohne Klima? Etwa das Mondmobil? Fast frech, mit dieser sprachlichen Verknappung auch noch Werbung zu machen: Klima an sich ist doch keine Leistung. Irgendeins ist überall, unter meinem Arm zum Beispiel – kostenlos! Wo ist die »Anlage« geblieben? Waren die zu geizig, das bisschen Werbezeit mehr zu bezahlen, die das Wort »Anlage« gekostet hätte? Dann will ich gar nicht wissen,

wo die am Auto sonst noch sparen … Oder ist das jetzt schick, so voll urban Ghetto-Sprech? »Ey Alter, ich mach dich Messer!« »Pass auf, Alter, ich hab Klima!« Oder sitzen wir gar einem klassischen Fall von Werbebetrug auf? Gibt es am Ende gar keine Klimaanlage, sondern das, was eh da ist: Klima? Der nächste Werbespruch lautet dann: »Der neue Automarke xy – nur zehntausendirgendwas Euro – inklusive Fahr!«

Nicht alles Neue glänzt sofort

☜ Irrtum:

Ein neues Automodell sollte man gleich zu Beginn seiner Herstellung ordern.

☝ Richtig ist:

Entweder kauft man sofort – dann aber bitte das Vorgängermodell! –, oder man wartet bis zur ersten Modellpflege des neuen Modells.

Ein ordentlicher Batzen Geld wird fällig, wenn man heute ein neues Auto kauft. Das gilt bei Barzahlung ebenso wie für Finanzierung und Langzeitmiete (Leasing). Trotzdem werden in Deutschland Jahr für Jahr mehrere Millionen Neufahrzeuge verkauft, etwa die Hälfte davon an private Käufer. Diese

verbinden mit dem Begriff »Neuwagen« meistens Gewährleistung, Garantie und problemlose Nutzung des Autos.

Zu Recht, doch auch hier bestätigen Ausnahmen die
Regel: Früher verlieh der ADAC alljährlich die »silberne
Zitrone« an Neuwagen, die ihrem Besitzer von Anfang an
Ärger bereiteten. Die Hersteller der gekürten Vehikel recht-
fertigten sich meistens mit dem Argument »Einzelfälle«
oder »Kinderkrankheiten«, die aber keineswegs auf alle
Fahrzeuge der Baureihe zuträfen.

Um »Kinderkrankheiten« eines nagelneuen Automodells
aus dem Weg zu gehen, so der ADAC, solle man ein paar
Monate warten, bevor man das neue Auto kauft, oder stattdessen das Vorgängermodell kaufen, denn das habe nach
mehrjähriger Zeit auf dem Markt eine schöne Reife erreicht.

Diese Tipps gelten bis heute. Hinzu kommt meistens ein
nennenswerter Preisnachlass für das »Auslaufmodell«, welcher einen Großteil des drastischen Wertverlustes innerhalb der ersten drei Jahre nach Kauf kompensiert. Allerdings
ist das Auto nach Erscheinen des Nachfolgemodells deutlich
erkennbar das ältere Auto. Das kann sich negativ auf den
Wiederverkaufswert auswirken, sollte man es recht schnell
wieder loswerden wollen.

Der Königsweg dürfte also Geduld sein: Ist der »Neu-
modell-Hype« mit relativ schlechten Rabattmöglichkeiten
verebbt und die erste Modellpflege (der »Jungbrunnen« für
jedes Automodell) in Sicht, sollte man zuschlagen: Jetzt hat

die Qualitätskurve des Autos ihr Maximum erreicht. Alle
»Kinderkrankheiten« sind behoben, *ohne* dass die Controller das eine oder andere »wegrationalisiert« haben.

Ölstandswarnleuchte?

👎 Irrtum:
*Ein zu niedriger Ölstand wird durch eine Warnlampe am
Armaturenbrett angezeigt.*

👍 Richtig ist:
*In der Regel gibt es in der Armatur nur eine Warnleuchte für
den Öldruck. Leuchtet diese rot auf, bedeutet das: Sofort
anhalten, der Öldruck ist zusammengebrochen. Das kann,
muss aber nicht automatisch auch zu wenig Öl heißen.*

Noch vor dreißig Jahren hatte jeder Automobilist ein Känn-
chen mit Motoröl im Kofferraum, und jeder zweite Tankstopp wurde dazu genutzt, um »mal kurz nach dem Öl zu
sehen«. Dabei wurde der Peilstab aus dem Motorblock
gezogen, saubergewischt und anschließend wieder in der
Ölwanne versenkt. Nach abermaligem Herausziehen war
der Ölstand anhand der Markierungen abzulesen. Idealerweise lag er irgendwo zwischen »Minimum« und »Maximum«. Wenn nicht, hat man entweder Öl nachgefüllt oder

die Ursache einer wunderbaren Ölvermehrung gesucht.
(Die gibt es tatsächlich: Wenn Benzin ins Öl sickert, spricht
man von »Ölverdünnung«.)

Zwar haben auch moderne Autos einen Ölpeilstab, und
Motoröl verbrauchen sie ebenfalls. Allerdings liegt dieser Verbrauch heute bei einem Zehntel bis Zwanzigstel der eins-
tigen Menge. Ist der Motor gut in Schuss, braucht zwischen
zwei Ölwechseln gar kein Öl mehr nachgefüllt zu werden.
Folglich ist die »Nach dem Öl gucken«-Prozedur etwas aus
der Mode gekommen, denn der Ölstand stimmt ja sowieso.

Freilich: Mit der Zeit verschleißt selbst der modernste
Motor, und das ist immer verbunden mit steigendem Ölverbrauch. Dem Fahrer eines in die Jahre gekommenen modernen Autos bleibt also auch nichts anderes übrig, als die
Ölkontrolle selbst zu übernehmen. Ganz ohne Kontrolle
des Ölstandes bewegt man sich ständig am Rande eines
Motorschadens!

Denn eines ist wichtig: Die rote Öldruckwarnleuchte im
Armaturenbrett leuchtet erst auf, wenn die Ölpumpe schon
kein Öl mehr ansaugt und die Lager der Kurbel- und
Nockenwelle bereits halb trocken laufen. Passiert das ein
paar Mal, ist der Motor nur noch Schrott.

Nur sehr wenige Automodelle verfügen auch über eine
Ölstandswarnleuchte. Diese ist gelb und signalisiert dem Fah-
rer, dass er seinem Auto beim nächsten Tankstopp einen Liter
Motoröl spendieren muss. Allerdings sind diese Warnleuch-

ten – so die ungute Erfahrung des Verfassers – recht unzuverlässig. Also lieber ab und zu selbst den Peilstab zücken.

Ölwechsel nach Herstellerempfehlung?

Irrtum:
Bei der Häufigkeit des Ölwechsels verlässt man sich am besten auf die vom Hersteller genannte Laufleistung.

Richtig ist:
Das greift zu kurz. Denn der Hersteller nennt nicht nur eine maximale Fahrleistung, sondern auch einen maximalen Zeitraum. Oder er programmiert das Infosystem des Autos so, dass der Bordcomputer piept, wenn es so weit ist.

Der nächste Ölwechsel ist fällig, sobald die im Serviceheft genannte Laufleistung erreicht *oder* (!) eine bestimmte Zeit (in der Regel maximal 1 Jahr) verstrichen ist – oder aber wenn die Wartungsintervallanzeige blinkt.

Wann genau dieses Blinken einsetzt, ist von der Art der Nutzung des Autos, von der Ölqualität und von der seit dem letzten Ölwechsel verstrichenen Zeit abhängig. Im Extremfall können sechs Monaten mit 30 000 Kilometer vergangen sein, bis es blinkt, es kann aber auch nach 3600 Kilometern und zwölf Monaten so weit sein.

Autos ohne solche Wartungsintervallanzeige haben von ihren Herstellern eindeutige Anweisungen mit auf den Weg bekommen: Das Öl muss nach einer bestimmten Laufleistung oder Zeit gewechselt werden – je nachdem, welcher Wert zuerst erreicht wird.

Selbst überzeugte Wenigfahrer müssen das Öl mindestens einmal im Jahr wechseln, weil sich der Schmierstoff mit der Zeit verändert. Vor allem bei Kurzstreckenfahrten ohne komplette Durchwärmung des Motors nimmt das Motoröl Kraftstoff und Kondenswasser auf, wodurch sich seine Schmierfähigkeit deutlich verschlechtert. Hinzu kommt eine chemische Veränderung der Ölbestandteile, die es regelrecht aggressiv macht. Autos, die jahrelang mit demselben Öl gefahren wurden und dann plötzlich streiken, haben oft völlig korrodierte Motorinnereien.

Es gilt also: Mindestens einmal jährlich Öl wechseln! Bei Verwendung von vollsynthetischem Öl werden mögliche Lockerungen dieser Regel zwar diskutiert, aber noch nicht empfohlen.

Zu fest geschraubt

 Irrtum:
Radschrauben immer so fest wie möglich anziehen.

Richtig ist:
Stimmt nicht ganz. Die Radschrauben müssen fest sein,
aber nicht fester, als es ihr Material bzw. der Hersteller
erlaubt.

Fragt man die Auto fahrenden Damen dieser Welt nach ihrer
größten Befürchtung beim Autofahren, kommt in acht von
zehn Fällen die Geschichte von der nächtlichen Reifenpanne
auf einsamer Landstraße im Regen. All diese Damen haben
das Problem, nicht zu wissen, wie man die Radschrauben
auf- bzw. abbekommt: »Die sind immer superfest, die kriegt
eine Frau nie auf!«

Leider ist das oft tatsächlich so, weil der Druckluftschrau-
ber in der Werkstatt erbarmungslos in Richtung »fest« rat-
tert, bis sich nichts mehr rührt. Es muss schließlich alles ganz
schnell gehen.

Trotzdem steht auf jeder Rechnung, dass die Radschrauben nach spätestens 50 Kilometern auf festen Sitz hin überprüft werden sollen. Manch korrekter Autofahrer erledigt
das mit dem Radkreuz und reißt noch etwas am Sechskant,
andere fahren sogar nochmals in die Werkstatt, wo dann
der sorgfältige Kundendienstmitarbeiter den Radschlüssel
mit dem extra langen Hebel ansetzt und dem Bolzen »noch
einen gibt«. Nun sind die Schrauben wirklich fest … Dass
Radschrauben fest angezogen sein müssen, leuchtet jedem
ein. Aber gleich so fest? Selbstverständlich gibt es auch hier

genaue Vorgaben des Herstellers. Aus dem jeweiligen Durchmesser der Radbolzen und des Lochkreises der Felge sowie der Anzahl der Radbolzen pro Felge und einigen anderen Parametern berechnet der Autohersteller einen bestimmten Drehmomentwert – und der darf beim Anziehen der Radmuttern nicht überschritten werden.

Wie hoch dieser Wert bei Ihrem Auto ist, steht in der Bedienungsanleitung. Um ihn einzuhalten, benötigt man einen sogenannten »Drehmomentschlüssel«, der eine einstellbare »Kurzauslösung« hat. Ein »Klick« zeigt an, dass der zuvor eingestellte Drehmomentwert erreicht ist. Zwar könnte man die Schraube noch fester drehen, muss und sollte das aber nicht tun, denn dann läuft man Gefahr, die Radschraube zu überdehnen. Die Folge: eine überdrehte Schraube, die keine Spannung mehr aufbringen kann, gemäß dem alten Mechanikerspruch: »Nach fest kommt lose!« Drehmomentschlüssel werden jeweils zur Reifenwechselsaison im Supermarkt angeboten. Zwar sind diese Billigwerkzeuge nicht eichbar (was für exakte Drehmomentwerte, zum Beispiel am Zylinderkopf, sehr wichtig ist), doch für die Radmuttern reicht die Genauigkeit auf jeden Fall. Auf ein, zwei Newtonmeter mehr oder weniger kommt es nicht an, aber 50 Nm mehr wären einfach zu viel und die Schraube zu fest. Die bekommt nicht nur eine Frau nicht mehr ohne weiteres locker…

Schraube locker:
Namensnummernschilder und Kosenamen

Kein normaler Mensch gibt seinem Auto einen Kosenamen. Warum auch? Wann sollte man ihn schon benutzen? Sinken sich nach einer gut verlaufenen Fahrt Wagen und Halterin in die Arme, und sie sagt zu ihm: »Hopsi, du warst heute wieder wunderbar ...«?

Tatsächlich ist alles, was auf Deutschlands Straßen an »Hasis«, »Hopsis«, »Murkels« und ähnlichen Kosenamen-Schrecklichkeiten herumfährt, meistens Autofrauchens Hirn und Sinn für Niedlichkeiten entsprungen. Steht auf einem Twingo hinten »Schnuckelchen« drauf, fragen wir uns angstvoll: Und wie nennt sie ihren Mann?

Ein mir bekannter Autopapst, zwar ein Mann, aber Autos beängstigend emotional ergeben, behauptet immer wieder gerne: »Autos sind auch nur Menschen« – und hat doch keinem seiner vielen Fahrzeuge jemals einen Spitz- oder Kosenamen gegeben.

Eine ebensolche Unsitte und Autoverschandelung sind Aufkleber am Fahrzeugpopo. Aufkleber an sich sind ja schon selten schön ...Vielleicht gehörte der Sylt-Aufkleber in den Achtzigern auf den

Golf GTI, als vermeintliche Potenzierung des Statussymbols. Aber damals trugen die entsprechenden Fahrer auch schreckliche Schulterpolster, Plastik-Schlipse und Apricot.

Was aber gar nicht geht, sind diese neuzeitlichen Familienglück-Selbstdarsteller, bei denen hinten auf dem Heck ungefragt Nachrichten kleben wie: »Kevin-Marcel und Ann-Michelle fahren mit.« Feinstaub ist harmlos dagegen! Das gute alte »Baby an Bord«-Warndreieck hatte noch den Sinn, die anderen Verkehrsteilnehmer zum vorsichtigeren Fahren zu ermahnen, aber all die »Chantal«-, »Jaqueline«-, »Steven-Justin«-, »Deborah-Lou«- und »Rocko-Otis«-Sticker sind nicht nur hässlich, sie machen mir auch Angst. Denn wer sind diese Leute, die ihre Kinder mit so schrecklichen Namen versehen? Und wie kann es sein, dass sie diese absonderliche Leidenschaft nicht wenigstens scheu für sich behalten, sondern auch noch optisch in die ganze Welt posaunen müssen. Mögen die ihre Kinder vielleicht selber so wenig, dass sie insgeheim hoffen, irgendein Verkehrsteilnehmer könnte beim nächsten »Michelle-Joanna fährt mit«-Aufkleber rot sehen ...?

Fakt ist jedenfalls: Aufkleber dieser Art sind eine Verkehrsgefährdung. Denn fährt man erst mal hinter so einer »Cleopatra-Lilly« her, kann man sich vor lauter mit Mitleid gepaartem Entsetzen nicht mehr ums Verkehrsgeschehen kümmern, sondern glotzt erstarrt auf diesen Namen und überlegt sich, ob man dieses arme Kind noch irgendwie vor seinen Eltern retten kann.

Ähnlich schlimm wie Kosenamen für Autos sind Nummernschilder, in denen die Initialen des Halters auftauchen, oder – noch schlimmer – Nummernschilder, die witzig sein wollen. Es soll ja sogar Menschen geben, die ihren Mini nur deshalb in Minden anmelden, damit auf dem Nummernschild MI-NI stehen kann ... Ebenso unwitzig sind Minis und Smarts, die in der Hauptstadt mit B-IG herumgurken.

Auch wer in Berlin einen BMW mit dem Nummernschild B-MW fährt, ist suspekt. Wer braucht die kennzeichliche Erinnerung daran, welche Automarke er fährt? Oder befürchtet der Halter, die anderen könnten übersehen, dass er einen Oberklassewagen fährt? Oder – und das ist die tragischste aller Varianten – denkt er wirklich, B-MW für einen Berliner BMW sei originell?

Wer sind diese Menschen, die sich auf dem Weg zur Zulassungsstelle überlegen, wie ihr Nummernschild lauten soll? Welche schlichten Gemüter stehen nach langer Wartezeit am Schalter und fragen:

»Kann ich bitte meine Initialen als zweite Buchstaben haben? Und dann als Zahl mein Geburtsdatum?
Au ja, das ist ja toll – da freu ich mich.«

Es ist nur ein schnödes Nummernschild und
keine Visitenkarte. Wer das Nummernschild als Ort
der Selbstverwirklichung sieht, braucht Hilfe. Das
Argument »Aber es wurde mir bei der Zulassungsstelle förmlich aufgedrängt« gilt nicht. Wunschkennzeichen kosten 10 bis 20 Euro mehr, da ist
es doch wohl logisch, dass die einem verkauft werden sollen. Aber kauft man jedem Strandverkäufer
irgendeinen Tand ab und nimmt jede mit Verve
vorgetragene Werbung als Kaufbefehl?

Auch das Argument »Ich habe das gemacht, um
mein Auto besser zu erkennen, wenn ein Falschparker im Schwimmbad oder so ausgerufen wird« ist
nicht zu akzeptieren. Nennt ein Mann seine Frau
etwa nur deswegen »Schatz«, weil er ihren Namen
vergessen hat ...?

Da kann man nur sagen (und das gilt nicht nur
für Münchner): Mehr M-UT zum Zufall – wie beim
Bleigießen: Man weiß nicht, was man kriegt, aber
dann macht man was draus.

Frostschutz im Kühler

 Irrtum:

Im Sommer reicht Leitungswasser als Kühlmittel im Motor völlig aus. Frostschutzmittel kann man dann kurz vor dem ersten Frost immer noch einfüllen.

 Richtig ist:

Das Kühlmittel ist ein High-Tech-Produkt und verhindert mit dem richtigen Anteil Kühlerfrostschutz nicht nur das Einfrieren von Motorblock und Kühler, sondern in frostfreien Phasen auch Korrosion im Kühlsystem.

Dem Inhalt des Kühlsystems schenkt man meist erst dann Aufmerksamkeit, wenn nichts mehr drin ist – oder nur noch Eis. Ersteres liegt in der Regel an einem Leck im Kühler, undichten Schläuchen oder einer durchgebrannten Zylinderkopfdichtung. Letzteres tritt dann ein, wenn ein solcher Kühlmittelverlust nach Beseitigung des Lecks durch bloßes Leitungswasser ersetzt wurde. Wasser gefriert bekanntlich bei 0° C, was im Winter auch in den Zeiten des Klimawandels noch regelmäßig geschieht.

Wenn das Kühlmittel im Motorblock zu Eis wird, ist es eigentlich schon zu spät. Fahren kann man damit nicht, und im ungünstigsten Fall fliegen erst die Froststopfen des Motors davon (die sehen ähnlich wie Kronkorken aus und sitzen als ersetzbare »Sollbruchstelle« im Motorblock), dann reißen der Block und/oder der Motorkühler irreparabel auf. Das dahintersteckende Prinzip kennt jeder, dessen Mineralwasservorrat auf dem Balkon schon einmal nach dem ersten Nachtfrost zerstört war.

Um so einen kapitalen Motorschaden zu vermeiden (sind erst Risse im Motorblock, läuft auch nachgefülltes Kühlmittel sofort wieder auf die Straße!), wird seit Menschengedenken dem Kühlwasser ein Anteil von etwa 50 Prozent Frostschutzmittel beigemischt, das größtenteils aus Glykol besteht. Der Gefrierpunkt dieser Mischung liegt im Bereich von −34°C, was für mitteleuropäische Breitengrade völlig ausreichend ist.

Da es nur im Winter so kalt werden kann, könnte man theoretisch im Sommer mit reinem Wasser (also ohne Frostschutzbeimischung) fahren, was viele Leute auch tatsächlich tun. Die – sehr realistische – Gefahr dabei besteht darin, dass man den Moment verpasst, in dem Väterchen Frost das erste Mal zuschlägt – mit verheerendem Ergebnis (siehe oben).

Eine weitere, noch häufiger – und zwar auch im Sommer (!) – auftretende Problematik des reinen Wassergebrauchs ist die Korrosion der Innereien des Kühlsystems. Das Frostschutzmittel schützt nämlich keineswegs nur vor Frost, sondern auch vor Korrosion. Reines Wasser wirkt im

Kühlsystem ähnlich wie ein Elektrolyt und leistet der Materialwanderung Vorschub, die durch die elektrochemisch entstehenden Spannungen zwischen den unterschiedlichen im Kühlsystem verbauten Materialien hervorgerufen wird. Das Frostschutzmittel hingegen unterbindet diesen Prozess ganz oder teilweise und hält das Kühlsystem dadurch sauber und leistungsfähig.

Die antikorrosive Wirkung des Kühlmittels lässt im Laufe der Zeit nach (die Frostschutzwirkung nicht), weshalb es alle zwei bis drei Jahre erneuert werden sollte. Dabei ist unbedingt darauf zu achten, dass man das für den jeweils eingebauten Motor passende Frostschutzmittel verwendet (die richtige Sorte steht in der Bedienungsanleitung). Es gibt mehrere verschiedene Qualitäten, die sich unter anderem durch ihre Farbe unterscheiden. Frostschutzmittel sind untereinander nicht mischbar.

Freilich: Wer unterwegs Kühlmittelverlust bemerkt und kein geeignetes Kühlmittel zum Nachfüllen zur Hand hat, kann selbstverständlich als Notlösung Leitungswasser verwenden. Er sollte dieses allerdings so bald wie möglich durch Kühlmittel ersetzen. Denn der nächste Winter kommt bestimmt!

Recht und Gesetz

Mindestgeschwindigkeit
auf der Autobahn?

👎 Irrtum:

Auf der Autobahn muss man mindestens 60 km/h fahren.

👍 Richtig ist:

Man darf nur mit einem Fahrzeug auf die Autobahn, das mindestens 60 km/h fahren kann und darf. Das bedeutet aber nicht, dass man immer mindestens 60 km/h fahren muss.

Die Angabe »60 km/h« als Mindestgeschwindigkeit auf den Autobahnen geistert immer wieder durch die Stammtischdiskussionen unseres Landes. Dabei gibt es auf den Bundesautobahnen weder eine Mindest- noch eine allgemeine Höchstgeschwindigkeit. Es gibt im Herbst und Winter auf manchen Autobahnen regelrechte »Nebellöcher«, in denen schon 20 km/h zu viel sein können. An anderen Stellen der Autobahn ist der Belag so schlecht oder die Schlaglöcher sind so tief, dass das jeweils zuständige Autobahnamt 30 km/h-Schilder aufstellen lässt.

Die im Gesetz (§ 18 Abs. 1 Satz 1 StVO) genannten »mehr als 60 km/h« gelten vielmehr für die mindestens erreichbare bauartbedingte Höchstgeschwindigkeit eines Kraftfahrzeugs,

wenn man damit auf der Autobahn fahren möchte. Ein fahr-
erlaubnisfreies Mofa darf maximal 25 km/h fahren und ist
deshalb nicht autobahntauglich. Die beliebten Motorroller
mit dem Versicherungskennzeichen knattern illegalerweise
zwar oft deutlich schneller als mit den für sie zulässigen
45 km/h und erreichen durchaus 60 km/h oder sogar mehr,
auf der Autobahn haben sie trotzdem nichts zu suchen. Bei
selbstfahrenden Arbeitsmaschinen wie etwa Schneeräum-
geräten wird die bauartbedingte Höchstgeschwindigkeit
häufig auf einen Wert knapp über der magischen Grenze
von 60 km/h begrenzt. Somit dürfen auch sie die Autobahn
benutzen, um zeitsparend von einem Einsatzort zum nächsten zu gelangen. Andererseits sollen sie nicht mit voller
Beladung (Streugut sorgt für hohen Schwerpunkt – Kipp-
gefahr!) zu schnell über die Piste rasen können. Solche Fahrzeuge sind mit speziellen Aufklebern wie »62 km/h« ge-
kennzeichnet, damit sie für andere Autobahnfahrer schon
von weitem als »langsames Vehikel« zu erkennen sind.

Rückwärts
Richtung Autobahnraststätte

Schon klar, auf einer Autobahnauffahrt darf man
nicht rückwärts fahren. Niemals! Unter keinen Umständen!

Oder fast keinen. Es gibt nämlich echte Notsituationen, in denen man nur die berühmte Millisekunde nachdenkt (also gar nicht), den Rückwärtsgang einlegt, obwohl man schon fast wieder auf der A Sonstwie ist, und rückwärts gen Raststätte fährt. Habe ich selbst erlebt – mit mir!

Weil mir plötzlich auffiel, dass ich meine verwirrte Oma auf der Raststätte vergessen hatte? Weil mein Auto zu qualmen begann? Weil ein plötzlich einsetzender Schneesturm es mir unmöglich machte, meine Fahrt ohne Gefahr für mein Leben fortzusetzen? Nein, meine Notsituation war diese: Ich hatte einfach nur meinen Ring auf dem Klo vergessen. Und in jener Millisekunde dachte ich tatsächlich alle Möglichkeiten im Schnelldurchlauf durch: a) Ich fahre weiter und habe halt einen Ring weniger. Nein, geht nicht, denn ich mag den Ring sehr. b) Ich fahre weiter und rufe später bei der Raststätte an, um zu erfragen, ob der Ring gefunden worden sei. Keine ernsthafte Variante, denn die Quote der ehrlichen Finder tendiert bei vergessenem Schmuck auf Raststätten-Toiletten gegen null. Dann gab es noch c): Ich fahre weiter, dann bei der nächsten Ausfahrt ab und wieder zurück, um dann bei der darauf folgenden Auffahrt *wieder* zurückzufahren, bis ich irgendwann, vermutlich

nach zwei Stunden, wieder auf der Raststätte lande.
Ziemlich zeitaufwendig. Bis dahin wäre der Ring
weg.

Also blieb nur d): Nicht weiter drüber nachdenken, sondern den Rückwärtsgang einlegen und so
schnell wie möglich zurück zur Raststätte. Zum
Glück ohne Gegenverkehr. Geisterfahrer auf der
Autobahnauffahrt – das wäre mal eine ganz neue
Verkehrsmeldung … Geparkt und rein ins Klo! Ich
musste zwar für den Besuch der Toiletten noch
einmal eine dieser merkwürdigen Eintrittskarten
ziehen, die mich zu 50 Cent Nachlass für den nächsten schwer genießbaren Kaffee bei »Rast und Tank«
berechtigen, aber das war es mir wert – ich wollte
meinen Ring!

Und da lag er tatsächlich noch: Neben dem Sei-
fenspender auf dem Waschbeckenrand. Die Wie-
dersehensfreude war groß. Nach der glücklichen
Wiedervereinigung habe ich noch nach liegen ge-
lassenen Omas geguckt, ordentlich überprüft, ob
mein Auto abrupt anfangen möchte zu qualmen
und ob ein unvorhergesehener Schneesturm im
August droht. Denn ein zweites Mal hätte ich diese
Rückwärtsfahr-Arie nur sehr ungern gemacht. Hoffentlich ist der Fall inzwischen verjährt – sonst
muss ich bestimmt noch ins Autobahngefängnis …

Polizeikontrolle

 Irrtum:

In einer Polizeikontrolle muss man umfassend Auskunft geben.

Richtig ist:

Angaben zu Ihrer Person müssen Sie machen, sonst nichts. Zur Sache oder zu einem etwaigen Vorwurf durch die Polizei dürfen Sie also schweigen. Niemand muss sich selbst belasten.

»Hände ans Lenkrad und keine schnellen Bewegungen!« Spiegelbrille, Stiefel und Mag-Lite sind die Accessoires der US-Fernsehpolizisten, die notfalls auch schon mal lauter im Ton werden: »Hände aufs Dach und Beine breit!« Dann kommt meistens noch: »Alles, was Sie sagen, kann und wird vor Gericht gegen Sie verwendet werden!« Klar, bei uns in Deutschland alles nur Kintopp (in den USA findet das hingegen auch im wahren Leben so oder so ähnlich statt ...).

Freilich, bei all der heutigen Hektik, den extremen Verkehrsballungen und den teilweise wirklich nur als bösartig zu bezeichnenden Überwachungssituationen der verschiedenen Behörden ist man schnell mal Mittelpunkt einer Befragung durch Polizeibeamte – manchmal so schnell, dass man nicht weiß, wie man optimal reagieren kann. Da sitzt einem der Schreck noch in den Gliedern, weil die rote Kelle niemand anderem als einem selbst galt, und schon kommen die ersten Fragen: »Wissen Sie, warum wir Sie angehalten haben?« oder »Na, wie schnell waren wir denn diesmal unterwegs?« Häufig werden diese Fragen aus schlechtem Gewissen und instinktivem Kleinbeigeben heraus wahrheitsgemäß und damit zum Nachteil für einen selbst beantwortet. Wer nämlich sofort antwortet: »Sicher haben Sie mein defektes Rücklicht bemerkt ...« oder »Ganz sicher nicht schneller als 65 km/h ...«, hat juristisch betrachtet schon eine Aussage gemacht und sich damit selbst belastet. Diese Aussage landet im Protokoll der »Befragung« und ist später jederzeit in den Akten nachzulesen.

Bei Verkehrskontrollen gilt grundsätzlich, dass niemand sich selbst belasten und lediglich Antworten auf Fragen zu seiner Person geben muss. Warum soll der kontrollierende Polizist sich nicht selbst ein Bild von der Funktion des Rücklichts machen? Und wenn er einen Autofahrer wegen zu hoher Geschwindigkeit anhält, wird er triftige (und später hoffentlich auch belastbare) Gründe dafür haben, etwa eine verlässliche Radarmessung. Denn gibt jemand gleich zu, schneller als erlaubt unterwegs gewesen zu sein, könnte ein Staatsanwalt daraus später sogar eine vorsätzliche Tat konstruieren, was das Strafmaß sicher nicht positiv beeinflusst. Ähnlich sieht es bei einer Alkoholkontrolle aus: Wer angehalten und zu seinem Alkoholkonsum befragt wird, muss sich dazu nicht äußern und auch in kein Pusteröhrchen blasen. Wenn er allerdings dabei lallt oder schwankt, wird die Polizei auf einer Blutprobe bestehen. Und die darf der Autofahrer nicht ablehnen und kann notfalls sogar zwangsweise einem Arzt vorgeführt werden.

Also, für Aussagen vor der Verkehrspolizei und Alkoholgenuss im Zusammenhang mit dem Auto gilt: Weniger ist mehr!

Es gibt keine netten Polizisten

Der Polizist im Straßenverkehr verkörpert das schlechte Gewissen, das einen sofort beschleicht, wenn man ihn nur sieht. Reflexhaft fühlt man sich ertappt, schuldig, eigentlich schon überführt. Das sprichwörtliche »Freund und Helfer« ist für die meisten nichts als Euphemismus. Aber er ist es. Ja, der Polizist ist dein Freund! Ich hab's erlebt. Einmal.

Klassischerweise verlaufen Verkehrskontrollen ja nach folgendem Muster: Man gerät in eine »Mausefalle«, wie es im Volksmund heißt. Mit Nettigkeit und »Freund und Helfer« hat sie wenig zu tun, jedenfalls nicht aus Sicht der gefangenen Maus. Demütig kurbelt man das Fenster herunter und blickt aus der ungünstigen Beuteposition auf den neben der Fahrertür lauernden uniformierten Mäusefänger. Der sieht zwar so aus, als wolle er gleich zubeißen, schnurrt aber erst einmal wie ein scheinheiliger Kater: »Ihre Fahrzeugpapiere bitte!« Nach deren Aushändigung wartet man eine gefühlte halbe Stunde im Auto, während sie ausgiebig überprüft werden. Mögen sie auch vollkommen in Ordnung sein, irgendein Vergehen findet sich sicher trotzdem: nicht angeschnallt, das Handy beim Fahren am Ohr, kein oder ein veralteter Verbandskasten, der Innenspiegel nicht geputzt, das Kennzeichen zu verdreckt oder oder oder.

Also wird man von oben herab über die Pflichten eines Verkehrsteilnehmers belehrt, darf dann gnädigerweise entscheiden, ob man jetzt oder später zahlen will – und erst dann kann die Maus wieder aus der Falle. Diese unwürdige Situation, in der man als argloser Autofahrer unversehens wie ein Schwerverbrecher behandelt wird, kennt jeder.

Es geht aber auch anders: Ich telefoniere beim Fahren – ohne Freisprechanlage – und gerate natürlich in eine »Mausefalle«. Es ist einer jener Tage, an denen ich das Gefühl habe, die ganze Welt habe sich gegen mich verschworen. Also ist natürlich auch die Polizistin unfreundlich. »Fahrzeugpapiere bitte!«, raunzt sie. Ich gebe sie ihr. Sie, belehrend:

»Und, was haben Sie gerade gemacht?« Ich: »Telefoniert.« Sie: »Genau! Und das darf man beim Fahren nur mit Freisprechanlage, das wissen Sie.« In diesem Moment bricht die Welt über mir zusammen. Schluchzend gebe ich alles zu: »Ja, ich habe telefoniert! Aber ich musste (schnief)! Mein Kind ist krank (schnief), und ich muss zur Arbeit (schnief), und ich musste den Babysitter noch anrufen (schnief), und heute ist eh ein Scheißtag. Ja, ich weiß, man darf nicht telefonieren (schnief), aber manchmal geht es nicht anders (schniefschniefschnief) ...«

Die Polizistin guckt mich an. Ich schniefe noch mal. Sie geht zum Einsatzwagen. Checkt meine Personalien. Redet mit den Kollegen. Ich denke: »Warum bin ich nicht als Kaulquappe geboren? Wenn sie heulen, geht's im Wasser unter.« Mir ist das Ganze höchst peinlich.

Die Polizistin kommt zurück. Und lächelt mich an! Sie sagt: »Na, dann fahren Sie mal weiter! Einen schönen Tag wünsch ich Ihnen. Gute Besserung für Ihr Kind. Und besorgen Sie sich eine Freisprechanlage.«

Ich schniefe noch einmal und nicke devot, aber dankbar. Die Polizistin hat mir gerade 40 Euro geschenkt und ist mein Freund und Helfer.

Barfuß am Steuer

👎 Irrtum:
Barfuß Auto zu fahren ist nicht erlaubt.
👍 Richtig ist:
Ausdrücklich verboten ist das nicht. Schließlich sind auch Badelatschen und High Heels erlaubt.

Manch einer fährt zum Skilift in Moonboots, andere verhaken sich beim Bremsen mit ihren Stilettos in der Auto-Pedalerie. Ist das strafbar? Die Straßenverkehrsordnung spricht, wenn es um die richtigen Schuhe beim Autofahren geht, keine konkreten Verbote aus, sondern nur von »geeignetem Schuhwerk«. Mit Blick auf feinfühlige Rennfahrerstiefelchen in der Formel 1 einerseits und modische Flipflops andererseits stellt sich die Frage: Was soll man am Fuß haben, wenn man nicht sitzt, steht oder geht, sondern Auto fährt?

Natürlich verzichtet kaum einer gerne auf seine Lieblingsschuhe. Wenn ein schlankes Frauenbein in teuren Pumps sich aus einem Sportwagen in Richtung Bürgersteig streckt, wird die dazugehörige Dame gern versichern, dass »Frau« mit gut sitzenden Pumps sehr wohl problemlos Auto fahren kann. Und Mantafahrer Ingo wird nach eigenem Gefühl nur in seinen neuen Mantaletten zielgenau Gas geben oder bremsen können ...

Der Wechsel etwa von Pumps oder Cowboystiefeln auf bequemere Treter ist aber zweifellos eine sinnvolle Option. Es gibt Frauen, die immer ein Paar »Autofahrschuhe« im Wagen haben: Kaum eingestiegen, werden die Hackenschuhe gegen Sneakers getauscht. Das ist zwar weniger schick, doch beim Fahren einfach bequemer. Inzwischen gibt es sogar Pumps mit klappbarem Absatz, die eben diesen Bequemlichkeitseffekt haben sollen. In einer englischen Studie wurde ermittelt, dass mehr als 80 Prozent aller Fahrerinnen am Steuer »die falschen Schuhe« tragen und sich für Stil statt Sicherheit entscheiden. Jede Dritte trägt Flipflops, jede Fünfte fährt barfuß, jede Zweite denkt bei der Wahl des Schuhwerks nicht ans Autofahren, sondern an den Auftritt danach, und nur 17 Prozent haben ein Ersatzpaar dabei ...

Sollte es aufgrund unpassender Schuhbekleidung zu einem Unfall kommen, stellt sich die Haftungsfrage. Grundsätzlich muss die Haftpflichtversicherung desjenigen Fahrers zahlen, der den Unfall verschuldet hat. War allerdings nachweislich falsches oder fehlendes Schuhwerk die Unfall-Ursache, kann sich zumindest die Kaskoversicherung elegant aus dem Fall herauswinden und muss den Schaden am Auto des Unfallverursachenden *nicht* bezahlen.

Wer auf Nummer sicher gehen will, sollte am Steuer also im eigenen Interesse rutschsichere, feste Schuhe tragen, die

auch bei harten Bremsmanövern sicheren Halt bieten.
Berufskraftfahrer sind übrigens gemäß geltender Unfallver-
hütungsvorschriften der Berufsgenossenschaften dazu verpflichtet, festes, den Fuß umschließendes Schuhwerk zu
tragen.

Was Frauen am Steuer können

Muss man darüber noch streiten? Die Unfallstatis-
tiken der Versicherer verkünden jährlich, Frauen
bauten weitaus weniger Unfälle als Männer – pro-
zentual betrachtet und nicht in Summe. Aber mal
ganz abgesehen von solch schnöden Statistiken: Es
ist an sich völlig *logisch*, dass Frauen gut, wenn nicht
sogar besser Auto fahren können als Männer.

Stichwort Multitasking. Während Männer nach
dem Einsteigen vollends mit dem Programm »Ich
fahre jetzt Auto« ausgelastet sind, vielleicht noch er-
weitert durch die Zusatzoption: ›schnell‹, können
Frauen ebenfalls Auto fahren, dabei aber noch jede
Menge mehr tun. Sie können fahren und gleichzeitig den Streit unter der Brut auf der Rückbank
schlichten. Sie können fahren und gleichzeitig
Wimperntusche auflegen. Sie können sich sogar –
ich habe es ausprobiert – von einer müffelnden in

Arbeitskleidung gehüllten Bauarbeiter-Latzhosen-Trägerin in einen duftenden, gestylten Vamp in Abendgarderobe verwandeln, und das alles während des Fahrens durch die Stadt. Ich gebe zu, dabei kommt frau natürlich der Stadtverkehr mit seinen vielen roten Ampeln und den Feierabendstaus zugute. Erste Ampel: Ein Turnschuh und ein Latzhosenbein werden ausgezogen. Ampel schaltet auf Grün, also weiterfahren. An der zweiten roten Ampel sind der zweite Turnschuh und das zweite Latzhosenbein dran. Und so geht's weiter. Ab und zu guckt einen der Nebenmann an der Ampel etwas komisch an, spätestens, wenn man im Hemdchen dasitzt und versucht, so schnell wie möglich das Kleid überzuziehen und es dann auch noch irgendwie zu schaffen, den Reißverschluss am Rücken zuzumachen. Aber sollen die anderen nicht auch ein bisschen Spaß haben? Schminken im Auto ist für uns Frauen sowieso eine der leichteren Übungen, *das* können wir alle. Lippenstift auflegen sogar während der Fahrt. Die Haare machen ist das Komplizierteste, weil *eine* Rotphase meistens nicht ausreicht, um aus der wilden Mähne eine ausgehtaugliche Hochsteckfrisur hinzukriegen. Dann muss man die halbfertige Frisur eben mit einer Hand sichern, bis die nächste Ampel auf Rot springt. Geht alles.

Nach rund 15 Minuten und exakt zehn roten Ampeln ist frau nicht nur unfallfrei am Ziel, sondern auch ausgehtauglich zurechtgemacht – und hat darüber hinaus dem einen oder anderen männlichen Autofahrer Spaß bereitet.

Und jetzt soll noch mal jeMANNd sagen, Frauen könnten nicht Auto fahren. Wer das sagt, der möge bitte selber mal versuchen, sich beim Fahren die Wimpern zu tuschen. Aber Achtung, Jungs: Der Bund der Versicherer nimmt euch in die Unfallstatistik auf.

Nackt am Steuer

Irrtum:

Ohne Hose darf ich nicht Auto fahren.

Richtig ist:

Die Straßenverkehrsordnung enthält keinerlei Kleidungsvorschriften. Der Fahrer muss sein Fahrzeug nur sicher beherrschen, die Kleidung sollte also zweckmäßig sein. Auf einem Motor- oder Fahrrad könnte es allerdings schnell zum Tatbestand »Erregung öffentlichen Ärgernisses« kommen und teuer werden.

Eben noch auf der Jagd nach der hübschen Brünetten im offenen Jaguar, dann jäh gestoppt durch die Highway-Patrol: Die Szene aus »Convoy«, in der Rubber-Duck (gespielt von Chris Kristofferson) verzweifelt nach einer Ausrede für seine Tempoverstöße sucht, kennt wahrscheinlich jeder Road-Movie-Fan. Er rettet sich schließlich mit der Frage an den Cop, ob dieser auch gemerkt habe, dass die Jaguar-pilotin kein Höschen anhatte – und schon sitzt der Officer wieder auf seiner Harley und rast mit Sirenengeheul dem E-Type hinterher …

Das ist natürlich nur im Film so, denn welche Autofah-rerin bei klarem Verstand würde sich »unten ohne« hinters Steuer setzen? »Oben ohne« hingegen ist im Sommer fast die Regel; kaum ein Müllkutscher oder LKW-Fahrer ist so gekleidet, dass er in einem gutbürgerlichen Restaurant bedient würde.

Das Thema »richtige Kleidung« spielt in der Straßenver-kehrsordnung keine Rolle. Wesentlich ist nur, dass der Fahrer in jeder Situation konzentriert und reaktionsschnell sein Fahrzeug bedienen kann. Ist es heiß, darf er sich deshalb Kühlung verschaffen, wobei es keine Rolle spielt, ob er den Knopf der Klimaanlage drückt oder den Hemdkragen öffnet. Die Grenze zieht hier also eher der gesunde Menschen-verstand und das allgemeine Geschmacksempfinden als ein Paragraph der Straßenverkehrsordnung.

Auto ist Privatsphäre

Stimmt nicht! Vielleicht ist es dem einen oder anderen ja schon aufgefallen: Die meisten Autos verfügen über Fenster, und zwar rundherum. Soll heißen: Was jemand *drinnen* tut, kann jeder von *draußen* sehen.

Was aber tun nun Menschen im Auto, wenn sie etwa an einer roten Ampel warten oder im Stau stehen? Eine wenn auch nicht repräsentative, so doch unfreiwillig ausgiebig über zwei Jahrzehnte in Ost und West durchgeführte Studie hat ergeben: Männliche Autofahrer, die alleine im Auto sitzen und an Ampeln warten, popeln – tatsächlich! An roten Ampeln wird vermutlich mehr gepopelt als irgendwo sonst auf dieser Erde. Die Ampel schaltet auf Rot, der Fahrer stoppt und – zack – ist der Finger in der Nase.

Es ist schon erstaunlich, wie sich Menschen unter Beobachtung aller derart seelenruhig, ausgiebig und konzentriert in der Nase bohren. Während der einen Rotphase das eine Nasenloch, an der nächsten roten Ampel geht's dann mit dem anderen weiter – ganz ungeniert, in einem rundumverglasten Gefährt. Ich erspare Ihnen die Schilderung dessen, was diese Rotphasen-Popler mit den Popeln so anstellen. Aber ich schwöre, mindestens 40 Prozent der Männer tun ES. Wenn Sie mehr wissen wollen, gucken Sie an der nächsten roten Ampel einfach mal links und rechts, was die Fahrer da so treiben, während sie warten müssen ...

Radarfalle hinterm Ortsschild

👎 Irrtum:

Am Ortseingang darf die Polizei nicht blitzen.

👍 Richtig ist:

Doch, das darf sie. Einzelne Bundesländer empfehlen ihren Beamten allerdings, erst nach einer gewissen Entfernung zum Ortsschild zu blitzen.

Innerorts gilt in der Regel eine Höchstgeschwindigkeit von 50 km/h, oft sind es sogar nur 30 km/h oder noch weniger. Wer also vor der Einfahrt in einen Ort lange auf Bundesstraßen und Autobahnen unterwegs war, muss bewusst kräftig auf die Bremse treten; denn nach einiger Zeit mit Tempo 100 oder 130 geht das Gefühl fürs »Ortstempo« etwas verloren. Einigen Fahrern genügen allerdings auch ziemlich kurze Zeiträume: Der schnelle Rutsch zwischen zwei Dörfern lässt gerne einmal den Rennfahrer hinterm Lenkrad aufblitzen ...

Die oft erheblichen Geschwindigkeitsdifferenzen zwischen innerorts und außerorts geben seit jeher Anlass zu Unfällen. Die örtlich zuständigen Behörden müssen hier gegensteuern und arbeiten mit allen ihnen zur Verfügung stehenden Mitteln: Geschwindigkeitstrichter (gestaffelte Tempolimits vor der Ortseinfahrt), Baumaßnahmen zur Verkehrsberuhigung oder Geschwindigkeitskontrollen.

Vor allem Letztere sind dank kontinuierlicher Verbesserung der Messtechnik immer leichter zu realisieren und gleichzeitig eine willkommene Einnahmequelle für die ständig klammen öffentlichen Haushalte. Was liegt also näher, als den Messpunkt möglichst kurz hinter dem Schild mit der Geschwindigkeitsbegrenzung oder direkt hinter dem Ortsschild zu platzieren? In der Praxis wird kein Autofahrer an solchen Schildern voll bremsen, sondern einfach nur den Fuß vom Gas nehmen, den Wagen gegen die Motorbremse in den vorgeschriebenen Geschwindigkeitsbereich rollen lassen – und dabei geblitzt werden! Ärgerlich und kostspielig – und dummerweise auch legal.

Fairer verhalten sich jene Gemeinden, die das maximal erlaubte Tempo bereits einige hundert Meter vor dem Ort oder der Geschwindigkeitsbeschränkung per allmählicher Tempoabsenkungen drosseln. Richtig teuer wird es in diesen Fällen für die Raser dann nicht. In solchen vernünftig agierenden Gemeinden wird freilich in der Regel auch nicht am Ortsschild geblitzt …

Haarspray als Wunderwaffe gegen Radarfallen?

👎 Irrtum:
Haarspray auf den Kennzeichen schützt vor Blitzer-Fotos.

👍 Richtig ist:
Der Haarspray-Trick ist ein Mythos, genauso wie die CD am Innenspiegel, die Klarsichtfolie auf den Kennzeichen und das Klarlack-Spray. Nichts davon funktioniert.

Agent 007 war schon in den 60ern perfekt auf Tempo-kontrollen vorbereitet: Wenn es mal wieder rasant zur Sache ging, wurde die Kennzeichenschild-Rolle einfach per Kippschalter eine Position weiter gedreht. Perfekt – selbst bei gestochen scharfen Fotos aus dem Blitzer kam so niemand auf den wahren Halter des Autos.

Der gemeine deutsche Raser muss auf andere Hilfsmittel wider die öffentlich stets als »Verkehrssicherheitsmaßnahme« verkaufte »moderne Wegelagerei« durch Geschwindigkeitskontrollen zurückgreifen. Was wurde nicht schon alles probiert: CDs vorne am Rückspiegel zur Irritation von Radar- und Laserstrahlen, Klarsicht-Klebefolien auf dem Kennzeichen als »Grauschleier«, Haarspray auf den Kennzeichen als Reflexionsschicht à la »Stealth-Bomber« und last

but not least die elektronischen Radarwarner, die theoretisch schon lange vor der Einfahrt in den Messbereich
akustisch warnen sollten. Das taten sie auch – allerdings
auch bei jedem Bewegungsmelder und jeder automatischen
Tür am Wegesrand; ein klarer Fall von Reizüberflutung.

Letztlich haben all diese Wunderwaffen zweierlei gemeinsam: Sie sind unwirksam und außerdem illegal! Der
Staat hat bereits definiert, was alles im öffentlichen Straßenverkehr nicht eingesetzt werden darf, um sich obrigkeit-
lichen Kontrollmaßnahmen zu entziehen, noch bevor es
überhaupt wirksame Mittel dagegen gibt. Wer amtliche
Kennzeichen verändert, entfernt oder deren Erkennbarkeit
beeinträchtigt, begeht nach § 22 Abs. 1 Nr. 3 des Straßen-
verkehrsgesetzes eine Straftat. Nicht ganz so hart wird mit
Radarwarnern umgegangen, deren Verkauf und Besitz in
Deutschland zwar legal, das Betreiben oder betriebsbereite
Mitführen im Auto aber seit 2002 verboten ist. Wer trotzdem so einen Radarwarner einsetzt, begeht eine Ordnungswidrigkeit, deren Aufdeckung mindestens 75 Euro Bußgeld
kostet und 4 Punkte im Verkehrszentralregister sowie die
Beschlagnahmung des Geräts nach sich zieht. Wäre ja auch
jammerschade, wenn plötzlich alle kurz vor dem Blitzer auf
die Bremse träten und den Kämmerern die schönen Zusatz-
einnahmen entgingen …

Ob elektronische Radarwarner oder Flitzer-Blitzer-Tipps
im Radio nicht sogar eine verkehrssicherheitsfördernde

Wirkung haben (immerhin wird ja angeblich nur an Unfall-
schwerpunkten geblitzt, und die würden entschärft, wenn
die Fahrer vorgewarnt nur noch abgebremst daherkom-
men), hat übrigens noch niemand untersucht ...

Neue Kennzeichen zu besorgen ist ganz leicht

Mitnichten. Es beginnt schon damit, dass es je Stadt
oder sogar Landkreis oft nur eine Zulassungsstelle
gibt – und da sind sie dann ALLE. Den ersten Tag
der Woche sollte man generell meiden, denn: Wann
werden Autos gekauft? Genau: am Wochenende. So
schlau sind wir Nichtwagenkäufer also schon mal,
dass wir nicht mit diesen ganzen Nummernschild-
Lemmingen montags zur Zulassungsstelle rennen.

Aber dienstags oder mittwochs trauen wir uns
dann ... Es soll zwar Leute geben, die dem Warte-
nummernziehen einen gewissen Charme von
Steinzeit oder Demut abgewinnen können. Tatsächlich aber ist es entwürdigend, in ein Amt zu kommen, eine Nummer ziehen zu müssen und dann
festzustellen: Auf dem Zettel steht 178, der archai-
sche Zählapparat an der Wand blättert aber erst auf
59 um.

Da sitzt man dann, hält die Wartenummer bald nur noch als verschwitztes Schnipselchen in der Hand, und als könnte man die Zahl 178 so schnell vergessen, guckt man immer wieder abwechselnd auf den Schnipsel und auf die Zählapparatur. Hin … her … hin … her … fast wie beim Tennis. Wie schrecklich ist der Moment, wenn man erkennt, dass der Apparat seit zehn Minuten auf 61 steht. Zehn Minuten für eine Zahl. Von 61 bis 178 macht das 117. Das mal 10 macht 1170 Minuten, das sind 19,5 Stunden. O Gott, ich werde hier bis morgen früh um vier sitzen!

Es gibt aber auch die kleinen Freuden des Wartenden: Von 64 springt die Nummerntafel sofort – pling, pling, pling – auf 68. Da haben wohl drei Leute aufgegeben … vielleicht sind sie auch wartend einfach verstorben – wer weiß das schon so genau?

Den Warteschlange-Profi erkennt man daran, dass er vorbereitet ist und etwas zu essen, zu trinken und ein sehr dickes Buch dabeihat. Der Nicht-Auskenner outet sich dadurch, dass er nichts dergleichen mitgebracht hat, nach kürzester Zeit Hunger und Durst bekommt und in delirische Selbstgespräche verfällt: »Was glauben die denn? Dass ich ewig Zeit habe?«, »Was mache ich hier bloß?«, »Hilfe, Mama, hol mich hier raus …«

Doch irgendwann, etwa dann, wenn man schon in eine wohlige Halbohnmacht gefallen ist und gar nicht mehr aufstehen möchte, ist man dann doch dran. Pling: 178.

Dann ist man allerdings schneller wieder wach, als man denkt. Einen besonderen Kick verschafft man sich nämlich damit, nach drei Stunden Warterei festzustellen, nicht alle nötigen Papiere dabeizuhaben. Vielleicht fehlt auch nur der ASU-Nachweis auf einem Papier, und die Plakette am alten Nummernschild reicht (natürlich!) nicht ... Alles Bitten und Beschwören bleibt dann ohne Erfolg, die Frau am Schalter sagt nur: »Tja, dann müssen Sie wohl noch mal los und noch mal ASU machen. Aber schnell, sonst haben wir nachher schon zu!« Dann dreht sie sich weg.

In jeder Schule gibt es einen Psychosozialen Dienst. Wo, bitte, ist der, wenn man ihn mal wirklich braucht? Psychologische Betreuung müsste zur Pflichtausstattung einer Zulassungsstelle gehören! Denn die Hälfte der Wartenden hat das Bedürfnis zu weinen.

Also raus aus der Zulassungsstelle, zur nächsten Tankstelle, die hier solche schnellen Nummern sicher gewohnt ist, eine neue ASU machen lassen, 60 Euro bezahlen und mit dem Nachweis nun auch auf Papier wieder zurück zur Zulassungsstelle, rein – und wieder eine Wartenummer ziehen. Der Apparat macht gerade wieder einmal pling ...

Um gefühlte Jahrzehnte gealtert steht man schließlich wieder vor einem der Behördendrachen. Jetzt kommt erst der eigentliche Horror: die Aufforderung, auf den Nummernschild-Bazar zu gehen, um das neue Autokennzeichen auf ein Nummernschild prägen zu lassen. Nun könnte man die Frage stellen, weshalb die das nicht einfach gleich bei der Zulassungsstelle machen – zack, Nummernschild rein in den Apparat, Nummern drauf, und gut ist. Aber das wäre ja logisch, praktisch und zeitsparend – diese Attribute haben in Behörden nichts zu suchen. O nein, man wird vor die Eingangstore der Behörde komplimentiert, wo sich rund um die Zulassungsstelle die Nummernschild-Mafia angesiedelt hat: Buden, deren ganze Existenz und Erscheinung laut zu rufen scheinen: »Los, komm, du dummes Huhn, dich ziehen wir auch noch über den Tisch!«

Tapfer geht man die Straße entlang und weiß, dass man gerade sehenden Auges in die Übers-Ohrhauen-Falle läuft, denn schon stürzen sich die ersten Schilderhyänen auf einen.

»Kaufen Se hier. Hier kostet nur 22,90«, ruft ein nicht besonders vertrauenerweckender Typ; »Ich mach Ihnen für 18,90«, ruft ein anderer und wedelt dabei verheißungsvoll mit einem Blanko-Nummern-schild, als sei es ein Blanko-Scheck.

Nicht drüber nachdenken. Einfach in den erst-besten Laden rein, Nummernschilder prägen und schnell wieder raus. Nicht ärgern, dass der Mann *vor* dem Laden noch rief: »18,90«, der Typ drinnen aber mit irgendeiner fadenscheinigen Erklärung 10 Euro mehr verlangt hat.

Ermattet schleppt man sich wieder rein in die Zulassungsstelle, holt sich die letzten Stempel ab und verlässt diesen erniedrigenden Ort.

Vielleicht ist das Fahrrad doch eine Alternative ...

Hierzu der Autopapst:

Wer – warum auch immer – heute einen neuen Satz Kennzeichen braucht, informiert sich am besten zu-nächst im Internet über die Details. Wohl jede deutsche Zulassungsstelle hat dort ein Plätzchen, wo alle nötigen Informationen zu finden sind. Wer lesen kann, ist also nach ein paar Augenblicken auf der Höhe der Zeit (selbst das Zulassungswesen lebt nicht mehr hinter dem Mond). Vor allem bei stark frequentierten Zulassungs-stellen kann man online einen Termin buchen, um sein Anliegen ohne Wartezeit vortragen zu können. Erforder-liche Formulare können vorab heruntergeladen und dann ausgefüllt zum Termin mitgebracht werden. Während der Verwaltungsakt vonstattengeht, begibt man sich um die Ecke (da sind die Schilder allerdings ziemlich teuer) oder nimmt einen etwas weiteren Weg in Kauf und lässt sich die neue Kennzeichenkombination zu einem günstigen Preis ins Blech prägen. Wer noch mehr Geld sparen will, reserviert sich eine Kennzeichenkombination und bestellt die Schilder online. Ein kleines Risiko birgt diese Methode jedoch: Wenn die frischen Schilder nicht innerhalb der Reservierungsfrist ausgeliefert werden, verfällt die gewählte Kennzeichenkombination – und man zahlt noch einmal. Im Idealfall dauert ein Kennzeichenwechsel bei einer einigermaßen gut organisierten Behörde weniger als eine Stunde (ohne Montagearbeiten – aber das ist eine andere Baustelle...).

Zahlungsmoral der Versicherung

👎 Irrtum:

Die Versicherung zahlt nur mit Polizeiprotokoll.

👍 Richtig ist:

Seine Ansprüche kann ein Geschädigter auch ohne ein Polizeiprotokoll uneingeschränkt anmelden. Ein solches beschleunigt aber mitunter die Abwicklung.

Wenn es wieder einmal gekracht hat, ist die Aufregung bei den Betroffenen in der Regel groß. Solange bei einem Verkehrsunfall niemand verletzt wurde (und das ist Gott sei Dank bei den meisten Kaltverformungen auf deutschen Straßen der Fall), kann man sich eigentlich schnell wieder abregen und zum wesentlichen Teil kommen: der Unfallaufnahme, sprich der Festlegung sämtlicher unfallrelevanten Fakten, soweit sie allen Beteiligten oder anwesenden Zeugen in Erinnerung oder noch sichtbar sind. Ideal ist hierbei der sogenannte »Europäische Unfallbericht«, der als Blanko-Formular in jedem Handschuhfach schlummern sollte. Ist dieses Formular vollständig ausgefüllt, hat man alles Wichtige erfasst. Wurden darüber hinaus ein paar Bilder von der Unfallstelle gemacht (etwa mit dem Fotohandy) und vielleicht ein herumstehender Zuschauer als Zeuge gewonnen, steht der Schadensregulierung durch die Haftpflicht- oder Kasko-Versicherung eigentlich nichts mehr im Wege. Eigentlich …

Denn in der Praxis nehmen gerade Fälle, in denen der Geschädigte selbst mit der gegnerischen Versicherung in Verhandlungen tritt, geradezu kafkaeske Züge an. Die Versicherungssachbearbeiter haben zahlreiche zeitraubende Nachfragen, es gibt angeblich Differenzen zwischen den Aussagen der Beteiligten, es finden Zuständigkeitswechsel statt – es dauert und dauert und dauert … Ob dies zum Geschäftsmodell der Assekuranzen gehört oder einfach nur Zufall ist? Wer weiß das schon so genau?

Erfahrungsgemäß verkürzt sich die Bearbeitungszeit aber wesentlich, wenn ein vom Geschädigten eingeschalteter Rechtsanwalt mit der Vorgangsnummer (VU-Nummer) der polizeilichen Aufnahme des Unfalls in seinen Unterlagen Ansprüche anmeldet. Auf Verkehrsrecht spezialisierte Anwälte sind mit den üblichen Abläufen bestens vertraut und lassen manche Wortblase eines Versicherungsmitarbeiters schon am Telefon platzen, während der »Selbstabwickler« sich in einem tagelangen Papierkrieg verfängt.

Rein rechtlich betrachtet, wiegt die Aussage eines unbeteiligten Unfallzeugen mehr als die Aussagen von Polizeibeamten, die erst *nachträglich* zur Unfallstelle kommen und sich dort anhand der Aussagen aller Anwesenden ein Bild vom Geschehen machen müssen. Die daraufhin vergebene »VU-Nummer« des Polizeiprotokolls ist dann der Schlüssel zu einer schnellen Abwicklung.

Übrigens: Immer weniger Polizeibehörden wollen – aus Personalmangel – einen Beamten zum Ort des Bagatellunfalls schicken, oder sie verlangen eine Gebühr für die Unfallaufnahme. Das passt manch einem Unfallteilnehmer ganz gut ins Konzept: Denn immerhin wird sonst der vermutliche Schuldige in der Regel schon am Unfallort von den Beamten festgestellt (was allerdings keineswegs immer richtig bzw. vor Gericht bindend sein muss) und gebührenpflichtig verwarnt oder gar mit einem Bußgeld und den entsprechenden Flensburg-Punkten belegt. Wer das vermeiden möchte, kann bei Bagatellunfällen ohne weiteres auf den Ruf nach der Polizei verzichten. Im Hinblick auf die Abwicklung des Unfalls als Versicherungsfall ist das aber, wie gesagt, nicht ohne weiteres zu empfehlen.

Reimporte

☞ Irrtum:

Auf EU-Reimporte gibt es keine Garantie.

☞ Richtig ist:

Aufgrund der EU-weiten Gesetzgebung zur Produkthaftung gilt für jedes in der EU verkaufte Neufahrzeug eine zweijährige Gewährleistungspflicht des Verkäufers. Die Garantie des Herstellers hingegen kann EU-weit gelten, muss aber nicht.

In Zeiten explodierender Neuwagenpreise sind die Angebote der EU-Reimporteure ziemlich sexy: Bis zu 40 Prozent unter den unverbindlichen Preisempfehlungen der für den deutschen Markt gedachten Neuwagen liegen ihre Offerten. Bei EU-Reimporten handelt es sich um Neuwagen, die aus dem EU-Ausland, wohin sie exportiert wurden, nach Deutschland zurückgebracht werden – daher der Begriff. Sie sind mit den für den deutschen Markt gebauten Produkten fast identisch – nur bestimmte Schlüsselnummern in den Papieren unterscheiden sich von jenen. Der Preisunterschied beruht auf unterschiedlichen Großhandelspreisen im EU-Ausland. Diese werden von Herstellern und Importeuren in Abhängigkeit von den jeweils geltenden Verbrauchssteuern und auch mit Blick auf die unterschiedliche Kaufkraft in den jeweiligen Ländern kalkuliert. Nur ganz wenige Hersteller, zum Beispiel Porsche, geben ihre Fahrzeuge innerhalb der EU zu einheitlichen Preisen an die Händler ab, was diese Autos aufgrund der teils hohen Verbrauchssteuern in manchen Ländern exorbitant teuer macht.

In der Regel kann man als deutscher Autofahrer von den deutlich günstigeren Abgabepreisen im EU-Ausland profitieren. Das wird vieltausendfach gemacht und ist den im deutschen Automarkt tätigen Autoherstellern und -importeuren naturgemäß ein Dorn im Auge. So hat beispielsweise VW seinen ausländischen Vertragshändlern in grenznahen Gebieten verboten, Autos an deutsche Käufer zu verkaufen. Das rief die EU-Kommission auf den Plan, die diesen Praktiken einen Riegel vorschob und VW zu einer Strafe in dreistelliger Millionenhöhe verdonnerte …

Trotzdem versuchen die Hersteller mit kleinen Tricks, Käufer von EU-Reimporten zu Neuwagenfahrern zweiter Klasse zu machen: Inspektionstermine gibt es oft erst in ferner Zukunft, oder es heißt bei Rückrufaktionen schon einmal, wer ein EU-Auto besitze, müsse die Maßnahmen selbst bezahlen. Zudem werden Garantie- und Kulanzanfragen mit Hinweis auf die Auslieferung im Ausland oft abschlägig beschieden. Ob das alles rechtmäßig ist, kann nur die Prüfung des Einzelfalles zeigen. Hier hilft die Lektüre der Allgemeinen Geschäftsbedingungen des jeweiligen Herstellers.

Gewährleistungsansprüche hingegen muss der Verkäufer immer erfüllen, unabhängig von der Herkunft des Autos. Sitzt der Verkäufer allerdings im EU-Ausland, bedeutet das in der Regel viel Fahrerei. Es sei denn, der Hersteller hat ausdrücklich eine europaweite *Garantiezusage* gegeben; dann ist jeder Vertragshändler des Herstellers der richtige Ansprechpartner. Ganz wichtig (da oft verwechselt): Gewährleistung ist nicht dasselbe wie Garantie! Letztere ist eine freiwillige Zusage des Herstellers; die Gewährleistung ist hingegen in der EU einheitlich geregelt und muss vom Verkäufer von neuen Waren erbracht werden!

Voraussetzung für die Gewährung sowohl von Gewährleistung und Garantie ist stets (genau wie bei in Deutschland ausgelieferten Autos) ein perfekt geführtes Service-Scheckheft mit den Stempeln eines Vertragshändlers. Und dieser sollte eigentlich froh sein über den Kunden mit dem EU-Auto. Schließlich verdient er an einem Neuwagenverkauf fast nichts oder zumindest wesentlich weniger als am Werkstattgeschäft, und bei dem ist es völlig egal, wo das Auto herkommt!

Selbstjustiz gegen Falschparker

☜ Irrtum:
Falschparker darf man zuparken.

☝ Richtig ist:
Nein. Wer durch einen Falschparker im öffentlichen Raum behindert wird, sollte die Polizei anrufen. Die wird je nach Situation das Abschleppen des Falschparkers veranlassen – auf dessen Kosten. Wenn jemand illegal auf einem Privatparkplatz steht, kann der Grundstücksnutzer auf Unterlassung dringen und den »Störer« ebenfalls abschleppen lassen. Die Kosten dafür muss er zunächst vorstrecken.

Auge um Auge, Zahn um Zahn: Was in biblischen Zeiten mangels besserer Regeln vielleicht noch möglich (und teilweise sogar sinnvoll) war, ist in Zeiten von Grundgesetz, BGB und Straßenverkehrsordnung nicht nur unangebracht, sondern als »Selbstjustiz« oft sogar strafbar.

Daher gilt: Wer ein Auto, das auf öffentlichem Grund falsch parkend den eigenen Privatparkplatz blockiert (also zum Beispiel in der Einfahrt steht), mit dem eigenen Auto zur Strafe einfach am Wegfahren hindert, riskiert Probleme mit dem Staatsanwalt. Denn juristisch betrachtet ist so ein bewusstes »Zuparken« Nötigung nach § 240 StGB. In so einem Fall muss man stattdessen die Polizei rufen, die dann je nach Situation das Abschleppen des Falschparkers veranlassen kann und diesem die dabei entstehenden Kosten auferlegt.

Steht der Delinquent direkt illegal auf meinem Privatparkplatz, dann bleibt ebenfalls nur der Ruf nach dem Abschleppdienst, der den fremden Wagen von meinem Parkplatz entfernt. Allerdings muss man die nicht unbeträchtlichen Kosten dafür zunächst selbst tragen. Die öffentlichen Kassen, die so ein »Umsetzen« bei »normalen« Parkvergehen im Bereich der Straßenverkehrsordnung begleichen, sind in diesem Fall außen vor: Polizei und Ordnungsamt würden, selbst wenn man sie riefe, nicht einschreiten. Das würden sie nur tun, wenn der Falschparker zusätzlich auch noch Hausfriedensbruch begangen (also zuvor etwa erst ein Tor oder eine Schranke überwunden) oder eine andere Ordnungswidrigkeit im ruhenden Verkehr auf öffentlichem Grund begangen hätte.

Die entstehenden Kosten für den Abschleppdienst muss man als Geschädigter also erst einmal selber tragen. Sie können zwar im Nachhinein beim Falschparker gerichtlich eingeklagt werden, aber eigentlich steht dieser Aufwand in keinem Verhältnis zum Tatbestand.

Eine recht wirkungsvolle Abwehrmaßnahme gegen Falschparker auf einem Privatparkplatz ist die Abgabe einer

Unterlassungserklärung, die strafbewehrt sein kann. Dies funktioniert folgendermaßen:

- Alle relevanten Fakten notieren (Kennzeichen, Fahrzeugmarke und -farbe, Datum und Uhrzeit), gegebenenfalls ein Foto machen und dann einen Rechtsanwalt kontaktieren.

- Der Anwalt schreibt den Halter des falsch geparkten Fahrzeuges an, nachdem er dessen Adresse bei der Zulassungsstelle ermittelt hat. Im Anschreiben wird der Fahrzeughalter dazu veranlasst, sich im Wiederholungsfalle zur Zahlung einer »Strafe« in schmerzhafter Höhe zu verpflichten.

- Die unterschriebene Unterlassungserklärung dient dem Parkplatzeigentümer als Gewissheit, dass es – zumindest von jener Person – zu keiner erneuten »Fremdbeparkung« kommt. Bei Zuwiderhandlung ist der unbelehrbare Fremdparker nämlich verpflichtet, den vereinbarten Betrag zu zahlen.

Sämtliche Auslagen und Kosten, die der Parkplatzeigentümer und sein Anwalt bis zur Abgabe der Unterlassungserklärung haben, trägt in jedem Fall der Falschparker. Hinzu kommt das Honorar des Anwalts. Unter dem Strich kann also schon einmaliges Falschparken zu einer sauteuren Sache werden.

Realsatire Ordnungsamt

Der postalische Brief, so wird allerorten beteuert und beklagt, sei am Aussterben. Alle kommunizieren nur noch via E-Mail, Twitter oder Facebook. Aber ich habe noch einen echten Brieffreund: den Polizeipräsidenten. Der schreibt regelmäßig. Leider geht es ihm nur ums Geld: 5 Euro, weil kein Parkschein; 25 Euro, weil im Halteverbot gestanden; oder – und das ist derzeit sein Lieblingsthema: »Sie parkten nicht ordnungsgemäß am rechten Fahrbahnrand.«

Tatsächlich habe ich anfangs nicht einmal genau verstanden, was der Polizeipräsident mir damit sagen will. Ich parkte rechts, wie immer. Okay, mit einem Rad etwas auf dem Bürgersteig, denn die Parklücke war ziemlich lütt. Aber findiges Parken ist doch eher eine Auszeichnung wert, oder?

Allerdings eine, die 25 Euro kostet, wie ich lernen musste. Ein Rad auf dem Bürgersteig ist nämlich »nicht ordnungsgemäß am rechten Fahrbahnrand«. Auch Schlechteinparker kann es deshalb schnell ereilen. Ist der Abstand zum Bürgersteig zu groß: »Nicht ordnungsgemäß am rechten Fahrbahnrand« – sprich: 25 Euro!

Das ist ein Strafbestand mit einigem Ermessensspielraum. Die Krönung der subjektiven Interpretation ereilte mich, als mir der verlängerte Arm des Polizeipräsidenten – das Ordnungsamt – an einem Februartag mal wieder einen Kurzbrief unter dem Scheibenwischer hinterließ: »Sie parkten nicht ordnungsgemäß am rechten Fahrbahnrand.« Ich bekam spontan Schnappatmung, als ich das las. Seit Wochen hatte es geschneit, an den Straßenrändern türmten sich inzwischen fiese, steinharte, mit Streugranulat auf das Doppelte angereicherte Eisberge. Die Stadt war eine einzige zerklüftete Eis- und Schneelandschaft – ohne sichtbare Straßenrandbegrenzung. Der rechte Fahrbahnrand war quasi nicht mehr vorhanden. Aber ich erhielt einen Strafzettel, weil ich laut Ordnungsamt »nicht ordnungsgemäß am rechten Fahrbahnrand« geparkt hatte ...?

Ich rief bei der Bußgeldstelle der Polizei an, um mich zu beschweren. Ich war sehr freundlich und fragte, wie das denn sein könne: Es herrsche Schneeausnahmezustand in der Stadt, jeder Mensch sei froh, wenn er unbeschadet und ohne Beinbruch von A nach B komme. Ich hätte mich wirklich bemüht, den rechten Fahrbahnrand ordnungsgemäß zu beparken, ihn aber beim besten Willen nicht entdecken können unter all dem Schnee.

Die Frau bei der Polizei, Abteilung Bußgeldbescheide, war ratlos und erklärte, dass auch sie den rechten Fahrbahnrand lange nicht mehr persönlich gesehen habe. Fuhr dann aber fort, sie sei leider noch nicht zuständig, das Verfahren sei jetzt erst mal beim Ordnungsamt. Also gab ich wenigstens noch eine Vermisstenanzeige auf: Vermisst werde der rechte Fahrbahnrand. Sie lachte.

Dann rief ich beim Ordnungsamt an. Besetzt. Ich rief wieder an: Wieder besetzt. Ich rief ungefähr hundert Mal an: immer besetzt – oder es ging keiner dran. Die werden schon wissen, warum nicht. Vielleicht aber waren sie auch alle damit beschäftigt, nach dem vermissten rechten Fahrbahnrand zu suchen?

Der tau(ch)te einige Wochen später wieder auf. Als ich nun den ordnungsgemäßen Brief von meinem Brieffreund, dem Polizeipräsidenten, erhielt, schien die Sonne und der rechte Fahrbahnrand machte seinem Namen wieder alle Ehre. Ich habe einfach bezahlt. Was soll's – im Frühling wird man eben versöhnlich, auch gegenüber Beamten.

Wenn auch nicht gegenüber jedem – und schon gar nicht gegenüber einem besonders niederträchtigen Exemplar, das mir eines Tages begegnete! Schnell parken, raushopsen, einen Coffee to go kaufen und gleich weiter. So der simple Plan... Die Straße ist rappeldickevoll, aber ich finde eine Park-

lücke unterhalb eines unübersichtlichen Haufens
aus Verkehrsschildern. Mindestens acht sind es,
über-, unter- und nebeneinander hängend und
verschiedene Parkanweisungen liefernd, je nach
Wochentag, Tageszeit, Fahrtrichtung, vermutlich
auch noch Wagenfarbe und Regenwahrscheinlich-
keit – aber wer weiß das schon so genau, wenn er
vor so einem typisch deutschen Schilderwahnsinns-
wald steht. Dennoch entgeht mir das vermeintlich
relevante Schild nicht: Parkraumzone xy frei. Und
genau für diese Parkraumzone habe *ich* eine Berechtigung. Hurra!

Nur drei Autos vor mir ist der Mann vom Ordnungsamt aktiv, sieht mich und verteilt Zettel an
andere parkende Autos. Man könnte unterstellen:
eifrig. Denn der Job ist vermutlich nur zu ertragen,
wenn man dabei wenigstens möglichst viele Strafzettel verteilen kann. Ich bin fast ein bisschen scha-
denfroh und denke mir: »Ätsch, endlich ist mein
Parkraumzonenkleber mal für etwas gut.« Vor-
sichtshalber werfe ich dem Mann vom Amt einen
vergewissernden Blick zu. Er reagiert nicht, was ich
als »Na, dann park mal, Mädchen« interpretiere,
woraufhin ich frohgemut in den nahegelegenen
Coffee-Shop hopse. Uhrzeit: 15:23 Uhr. Um 15:26
Uhr bin ich mit einem Becher Kaffee wieder an

meinem Auto und sehe – ein Knöllchen! Denke: »Das kann doch nicht sein, hier muss es sich um einen Irrtum handeln.« Auf meinem Knöllchen steht: Parken im Parkverbot, Uhrzeit 15:24 Uhr, 25 Euro. Kann das wahr sein?

Suchend blicke ich mich nach dem Amtsmann um, entdecke ihn vier Autos weiter vorne, hechte hin und sage sehr freundlich: »Hallo, entschuldigen Sie bitte!«

Er: (keine Reaktion)

Ich: »Entschuldigung, ich hätte eine Frage ...«

Er: (geht weiter)

Ich (hinterhergehend): »Entschuldigung, ich rede mit Ihnen.«

Er (unfreundlich): »Aber ich nicht mit Ihnen!«

Ich: »Aber ich wollte gerne mal fragen ... Sie haben doch gesehen, dass ich dort parkte ...«

Er (noch unfreundlicher): »Tja, dann müssen Sie die Schilder lesen, steht alles drauf!« (Geht weiter.)

Ich (hinterher): »Aber Sie haben doch gesehen, wie ich mir diese Schilder angeguckt habe. Warum haben Sie denn nichts gesagt? Weshalb haben Sie mich nicht darauf hingewiesen, dass man da jetzt *nicht* parken darf? Sie haben mir stattdessen eine Minute nach dem Parken den Strafzettel gegeben. Warum tun Sie das?«

Er (unverändert unfreundlich): »Warum nicht? Auf den Schildern steht alles drauf.«

Ich (allmählich auch unfreundlich): »Ich verstehe gar nicht, warum Sie so unfreundlich sind.«

Er: »Müssen Sie auch nicht verstehen.« Er geht weiter, verteilt an jedes Auto einen Strafzettel – stoisch, vielleicht auch pathologisch; wer kann schon in die Seele eines Strafzettel-Verteilers gucken?

Ich (mich zwingend, dem Mann nicht hinterherzurufen, er sei wohl ein Volltrottel und es geschehe ihm ganz recht, wenn seine Frau fremdginge usw. Aber dann atme ich einfach durch, gucke den Becher in meiner Hand an und sage mir: »28 Euro für einen Kaffee ... puh, das nenn ich ein Luxus-Leben!«

Hierzu der Autopapst:

Es gibt ungeschriebene Richtlinien, wonach jedes Verwaltungshandeln mit dem gesunden Menschenverstand kompatibel sein sollte. Und wenn es im Straßenverkehr Schilder-Kakophonien gibt, deren Sinn sich selbst bei konzentrierter Betrachtung nicht erschließen, handelt es sich dabei offenbar um einen dieser Fälle »widersprüchlicher« oder »mehrdeutiger« Beschilderungen, die auch der Verordnungsgeber im öffentlichen Straßenverkehr nicht haben möchte. Wird ein solcher Fall entdeckt und einer Behörde (möglichst mit fotografischem Beweis)

zur Kenntnis gebracht, sorgt diese schon aus Straßen-
verkehrssicherheitsüberlegungen heraus sowohl für so-
fortige Besserung als auch für die Einstellung eines
durch diese Schilderwirrnis hervorgerufenen Ordnungs-
widrigkeitenverfahrens.

Kampf um den Parkplatz

👎 Irrtum:
Fünf Minuten lang darf ich einen Parkplatz frei halten.

👍 Richtig ist:
Versuchen kann man's, einen Anspruch auf den Parkplatz
hat man deshalb aber nicht: Ist ein anderer Fahrer eher an
der Lücke, hat er Vorrecht.

Am Sonnabend herrscht Parkplatzkrieg in der City: Alle
wollen nur noch eben schnell das Leergut abgeben, den
Wochenendeinkauf machen, die Frühstücksbrötchen holen,
die Morgenzeitung besorgen und (selbstverständlich) direkt
vor dem Laden parken. Sonst könnte man ja gleich zu Fuß
gehen … Abends sieht es in den Ausgehvierteln nicht besser aus.

Leider ist die Zahl der bereitstehenden Parklücken sehr
begrenzt, weshalb es regelmäßig zu unschönen Szenen am

Straßenrand kommt. Etwa dann, wenn man erst im Vorbei-
fahren die ersehnte Parklücke entdeckt, es aber schon zu
spät ist, um zu stoppen und einzuparken, und man befürchten muss, dass der Hintermann einem den Parkplatz weg-
schnappt. In dieser Situation werden gerne Hilfstruppen in
Stellung gebracht: Rekrutiert wird jeder, der im eigenen
Auto mitfährt und gehen kann. Der »Parkplatz-Scout« muss
aussteigen und den freien (oder auch erst gerade frei wer-
denden) Parkplatz okkupieren.

Das ist nicht ganz ungefährlich. Immerhin gab es in diesem Zusammenhang bereits Personen- und Sachschäden,
die aus dem emotionalen Überschwang, der dieser Thema-
tik traditionell anhaftet, herrührten … So gesehen ist »Park-
platz-Scouting« vor allem in den Einkaufsstraßen von Groß-
städten nicht zu empfehlen, denn hier liegen die Nerven
besonders blank, und ein lautes Wort wird gerne mal mit
einem festen Stoß beantwortet.

Das Recht hat der Platzhalter jedenfalls nicht auf seiner
Seite. Für öffentlichen Parkraum gilt: First come, first park –
und zwar für Autos, nicht für Fußgänger. Sprich, wer mit
seinem Auto die Parklücke als Erster erreicht und einfahr-
bereit ist, darf sie belegen. Natürlich darf er dabei einen
Menschen, der in der Parklücke steht und diese blockiert,
nicht einfach umfahren. Wenn der sich auch nach eindeuti-
gen Signalen nicht wegbewegt, kann man die Polizei rufen.

Rechtlich betrachtet ist das Reservieren von öffentlichem

Parkraum eine erlaubnispflichtige Sondernutzung öffentlicher Flächen und nur nach vorheriger Antragstellung und nachfolgender Genehmigung durch Vertreter der jeweils zuständigen Behörde möglich. Die damit verbundenen Vorlaufzeiten sind freilich kaum mit den eingangs geschilderten Intentionen am Sonnabend zu vereinbaren …

Parkraumbewirtschaftung ist sinnvoll

Man könnte versucht sein, den vielbeschworenen Außerirdischen, der auf die Erde hinunterschaut und sich nur wundert, zu bemühen. Ein alter Römer tut's aber auch. Denn am folgenden Beispiel kann man gut sehen, was dem so alles entgeht, nur weil er eine Sprache spricht, die neuzeitliche Wortkreationen nicht mehr berücksichtigen kann. Dem alten Römer entgehen dadurch so tolle Worte wie »Parkraumbewirtschaftungszone«.

Der alte Römer wüsste damit rein gar nichts anzufangen. Er stünde vor einem Rätsel. Vielleicht würde er sich fragen: »Wer wird hier denn wie und mit was bewirtschaftet? Wieso überhaupt Wirtschaft? Wer führt diese Wirtschaft? Welcher Raum ist gemeint? Und wieso ist der Raum auch Zone? Und wenn in der Zone schon bewirtschaftet wird,

wer hat dann am Ende die Ernte und wer den
Ärger?«

In diesem Punkt fühle ich mich dem alten Römer sehr nah, denn ich stelle mir genau dieselben
Fragen. Mit »Rusticus laborat« (»Der Bauer arbeitet«) kommt man hier nicht weiter. Hier ist eher die
Kommune der erntende Bauer und ich bin das
abgeerntete Feld!

Für alle, die mit diesem Großstadt-Parkraum-
Zonen-Wirtschaftswahnsinn noch nicht in Berührung gekommen sind: Eines Tages erhält man
einen Brief, in welchem steht: *Ihre Straße gehört von
nun an zur Parkraumbewirtschaftungszone xy. Bitte
beantragen Sie einen Parkraumbewirtschaftungs-Aus-
weis unter Vorlage von Führerschein, Fahrzeugpapieren, amtlicher Meldebestätigung* und und und … Eigentlich merkwürdig, dass man nicht auch noch
sein Seepferdchen-Abzeichen vorzeigen muss.

Auf die zaghafte telefonische Anfrage, wie man
denn von nun an verfahre, wenn Besuch per Auto
vorbeikomme, sagt die sicherlich Kummer gewohn-
te Frau vom Amt: »Das geht schon!« Man lächelt
voller Hoffnung, aber nur kurz, denn sie fährt fort:
»Dazu müssen Sie einfach vier Wochen vor dem
geplanten Besuch unter Einreichung der entsprechenden Fahrzeugpapiere, Führerschein, amtlichem

Personalausweis und ...« – den Rest habe ich vergessen – »den befristeten Parkraumbewirtschaftungszonen-Ausweis beantragen.« Hatte die gute
Frau davor tatsächlich »einfach« gesagt?

Die Sache mit dem Besuch und dem befristeten
Parkraumbewirtschaftungszonen-Ausweis ist also
eher eine theoretische Möglichkeit. Denn ob es jemals seit Einführung dieser Parkraum-Pest irgendeinen Wochenendbesuch aus Gera, Hannover oder
Detmold gab, der vier Wochen vorher unter Einreichung aller Papiere einen solchen Ausweis bean-
tragt hat, ist doch anzuzweifeln.

Doch auch wenn sich die Sinnhaftigkeit der Park-
raumbewirtschaftung im Allgemeinen und im Besonderen bisher nur sehr wenigen Menschen er-
schlossen hat: Wenigstens lief die Sache mit dem
eigenen Anwohner-Parkausweis tatsächlich ganz
einfach: Beantragen, zugeschickt bekommen, auf
die Windschutzscheibe kleben. Und inzwischen hat
es Berlin auch geschafft, die Billigstparkraumbe-
wirtschaftszonenausweisungsaufkleber der ersten
Generation, die sich, einmal angebracht, nicht
mehr unbeschadet von der Scheibe lösen ließen,
durch ein zeitgemäßes Produkt zu ersetzen. Man
kann sie ankleben und wieder entfernen – Donner-
wetter, ein Wunder der Technik, und dies mitten

im parkraumbewirtschafteten Berlin. Nun traut
man sich auch wieder, umzuziehen oder ein neues
Auto anzuschaffen ...

Lob der Lichthupe

👎 Irrtum:

*Mit der Lichthupe auf der Autobahn die Überholspur »frei-
zuschießen« ist verboten.*

👍 Richtig ist:

*Die Lichthupe darf benutzt werden, um die Absicht zum
Überholen zu signalisieren. Penetrante Lichthuperei, verbunden mit zu dichtem Auffahren, kann aber als Nötigung
ausgelegt werden und dann strafbar sein.*

Leider ist es tägliche Praxis, dass schnellere Verkehrsteilnehmer mit einigem Nachdruck versuchen, alle anderen von
der linken Autobahnspur zu verdrängen. Dazu wird sehr
gerne die Lichthupe benutzt. Mit Xenon-Scheinwerfern
wirkt sie fast wie die Fazer der *Enterprise*.

Dabei ist die Einrichtung Lichthupe an sich durchaus sinnvoll und grundsätzlich auch in der Straßenverkehrsordnung
verankert. Im entsprechenden Paragraph 16 ist allerdings
nur die Rede von »Schall- oder Leuchtzeichen«. Grundsätz-

lich darf und sollte die Lichthupe also nur als Alternative zur Autohupe eingesetzt werden.

Fährt nun ein Auto eher gemächlich auf der linken Autobahnspur, obwohl es auch in der Mitte oder rechts fahren könnte, behindert es oft schnellere Fahrzeuge. Hat man solch einen langsameren Linksfahrer vor sich, darf man sich in angemessener Ferne (!) der Lichthupe bedienen (kurzes Betätigen des Lenkstockschalters), um die eigene Überholabsicht deutlich zu machen. Ist man bereits nahe – sehr wahrscheinlich *zu nahe* – an den Linksfahrer herangekommen, ist das Lichthupen zu unterlassen, weil es in Verbindung mit dem zu dichten Auffahren als Nötigung ausgelegt werden könnte. Außerdem besteht besonders bei Dunkelheit die Gefahr, dass der Vorausfahrende im Rückspiegel geblendet wird.

In der Praxis hat die Lichthupe den Nachteil, dass ihr Warnsignal oft falsch verstanden wird. Häufig beziehen auch nicht gemeinte Verkehrsteilnehmer den Lichtblitz auf sich und vergrößern unter Umständen noch das aktuelle Problem.

Nicht ausdrücklich erlaubt, aber durchaus sinnvoll ist es, entgegenkommende Autofahrer, die mit Fernlicht fahren, per Lichthupe an das Abblenden zu erinnern. Illegal (§ 16 Abs. 1 StVO) ist es hingegen, per Lichthupe den Gegenverkehr vor Radarfallen zu warnen. Denn solche Geschwindigkeitskontrollen stellen verkehrsrechtlich betrachtet keine

Gefahr dar. Wer es trotzdem tut, muss möglicherweise mit einem Verwarnungsgeld von 10 Euro rechnen.

Noch etwas: Per Lichthupe dem Vordermann auf der Autobahn aus gebührendem Abstand die eigene Überholabsicht anzukündigen ist legitim. Nicht erlaubt ist es hingegen, mit ständig eingeschaltetem Blinker auf der linken Spur entlangzubrausen.

Blinker blinken

Auch beim Auto hat jedes Teilchen seinen speziellen Namen abbekommen: vom Hydrostößel bis zur Lambda-Sonde – das will alles ganz genau bezeichnet sein. Würde man die Namen der Teile, aus denen ein Auto besteht, untereinanderschreiben, hätte man einen dicken Wälzer voller Worte, die man noch nie in seinem Leben gehört hat und vermutlich nie verstehen wird.

Aber schon die einfachsten Bezeichnungen scheinen den einen oder anderen Fahrer zu überfordern. Der Blinker etwa ist das *Lämpchen*, das vorne und hinten links und rechts blinkt. Der *Hebel*, mit dem man das *Blinken* auslöst, heißt *nicht* Blinker, sondern *Blinkhebel*. Hier zeigt sich die Relevanz des Fahrers, denn der muss den Blinkhebel betäti-

gen, damit dieser das Signal an den Blinker über-
mitteln kann und der dann blinkt. Eigentlich. Denn
immer mehr Autofahrer vernachlässigen ihren
Blinkhebel auf das Ignoranteste und haben komplett vergessen, dass sie es sind, die das Signal zum
Blinken geben müssen, damit der Blinker vorne
und hinten arbeiten kann.

Das verkehrsasoziale Ergebnis: Es wird nicht
mehr geblinkt. Überholen auf der Autobahn? Fröhlich wird die Spur von rechts nach links und wieder
zurück gewechselt – ohne es blinken zu lassen.
Rausfahren aus dem Kreisverkehr? Warum den
Blinkhebel betätigen? Ist doch logisch, dass jemand,
der *in* einen Kreisel reinfährt, auch wieder *raus*fährt,
oder? Rechts abbiegen an einer Kreuzung? Geht
auch ohne Blinken. Einparken? Wozu sich mit Blinken aufhalten, kann doch wohl jeder Idiot erkennen,
dass hier gerade ein Parkplatz gesucht wird.

Fragt sich nur, weshalb richtiges und rechtzeiti-
ges Blinken Vorschrift ist und einem in der Fahrschule massivst eingetrichtert wurde. Möglicherweise, damit das Auto hinter einem Bescheid weiß,
dass die Spur gewechselt wird, dass man den Kreisverkehr verlassen möchte, nach rechts abbiegt oder
einen Parkplatz sucht? Verwegene Annahme, aber
möglich!

Was ist geschehen? Zählt man als Blink-Befür-
worter heute zu den Kleingärtner-Hausmeister-
Verkehrserzieher-Spießern? Gilt Blinken plötzlich
einfach als uncool? Oder ist es dem modernen Fahrer einfach zu anstrengend? Dass man bei Autos,
die für alles und jedes irgendeinen Gimmick in
ihrem Fahrerassistenzsystem vorgesehen haben,
tatsächlich noch selber Blinkbefehle geben muss,
ist für den total vernetzten Fahrer von heute in der
Tat eine Zumutung.

Liebe Freunde der motorisierten Fortbewegung:
Ein Bluetooth zwischen Hirn und Blinker gibt es
noch nicht. Hier darf der Fahrer noch ganz analog
sein. Daher mein Appell: Bitte blinkt! Es ist nützlich!

Alkohol am Steuer

👎 Irrtum:

Unter 0,5 Promille hab ich rechtlich nichts zu befürchten.

👍 Richtig ist:

Bereits ab 0,3 Promille Alkohol im Blut und »Anzeichen
von Fahrunsicherheit« ist der Führerschein in Gefahr.

»Ein Gläschen in Ehren kann keiner verwehren ...« Verniedlichungen dieser Art rund um den Alkoholkonsum gibt es immer wieder – auch im Zusammenhang mit dem Automobil. Mancher behauptet allen Ernstes, er fahre angetrunken viel entspannter als sonst, andere wiederum bemerken angeblich auch nach dem dritten Weizenbier keinerlei alkoholbedingte Beeinträchtigung ihrer Fahrtüchtigkeit, und ohne ein Feierabendbier schmeckt das Abendessen ohnehin nur halb so gut ... so oder so ähnlich wird gerne im Freundeskreis argumentiert.

Die Rechtslage schert sich darum allerdings wenig. Seit 1953 gibt es in Deutschland einen umgangssprachlich als »Promillegrenze« bezeichneten Maximalwert für die Blutalkoholkonzentration, ab welchem beim Fahrer von *absoluter Fahruntüchtigkeit* auszugehen ist. Seinerzeit lag dieser Wert bei (nach heutigen Maßstäben schockierenden) 1,5 Promille. 13 Jahre später senkte der Bundesgerichtshof den Wert auf 1,3 Promille ab, seit 1990 gilt 1,1 Promille als Obergrenze.

Ein Bußgeld ist jedoch schon bei weitaus weniger Alkohol im Blut fällig: Lag die Bußgeldgrenze für die *relative Fahruntüchtigkeit* 1973 noch bei 0,8 Promille, so wurde sie 1998 auf 0,5 Promille gesenkt. Die Höhe des Bußgeldes variiert: Mindestens 500 Euro werden fällig, aber bei einschlägiger Vorbelastung des fahrenden Trinkers kann die Buße bis zu 1500 Euro betragen. Flankiert wird eine solche Verfehlung von einem dreimonatigen Fahrverbot und mindestens vier Punkten in Flensburg. Ist der zu hohe Blutalkoholwert (der dann regelmäßig durch eine von der Polizei angeordnete Blutprobe gemessen wird) der Grund für einen Verkehrsunfall oder offensichtliche Fahrunsicherheit, kommen sogar sieben Punkte zusammen; die Fahrerlaubnis wird dann ganz entzogen.

Wer nun glaubt, unterhalb von 0,5 Promille Blutalkoholgehalt sei er auf jeden Fall fein raus, irrt. Denn bereits unsicheres Fahrverhalten oder gar eine Unfallbeteiligung nach einem kleinen Bier kann, wird man deshalb von der Polizei angehalten, teuer werden. Sobald der gemessene Blutalkoholwert oberhalb von 0,3 Promille liegt, bringt einem das dann ebenfalls sieben Punkte ein, und der Führerschein ist auch für mindestens acht Monate weg.

Sonderregeln gibt es für Fahranfänger: Wer unter 21 Jahre alt ist oder erst vor kurzem die Fahrprüfung bestanden hat, zahlt immer 250 Euro und bekommt zwei Punkte in Flensburg, wenn er auch nur mit einem Quäntchen Alkohol am Steuer erwischt wird. Hier sind 0,0 Promille die Obergrenze! Liegt sein Blutalkoholgehalt bei mehr als 0,3 Promille, gelten die »Erwachsenenregeln«.

Auf der rechtlich sicheren, sprich straffreien Seite fährt man also nur, wenn man »Autofahren« und »Alkohol« generell als unvereinbar ansieht – was man sowieso nur empfehlen kann!

Besoffen auf dem Fahrrad

👎 Irrtum:

Wer zu viel Promille im Blut hat, sollte das Auto stehen lassen und lieber aufs Fahrrad umsteigen.

👍 Richtig ist:

Gefährlich – für die Gesundheit wie für die Fahrerlaubnis. Denn ab einem Pegel von 1,6 Promille meldet das Amt generell »Zweifel an der Fahreignung« an, und das gilt auch fürs Fahradfahren.

Nach einem feuchtfröhlichen Abend mit Freunden setzt man sich nicht mehr hinters Steuer – auch nicht, um ins fünf Kilometer entfernte Heimatdorf zu fahren. Das dürfte sich inzwischen herumgesprochen haben. Fein raus ist, wer mit seinem Partner unterwegs ist und zuvor die Frage, wer diesmal nüchtern bleibt, geklärt hat, denn damit ist auch die Chauffeurfrage geklärt. Wenn das nicht der Fall ist, bleibt einem nach ein paar Gläschen neben Schusters Rappen nur noch, sich ein Taxi zu leisten, die letzte ÖPNV-Möglichkeit abzupassen oder sich ein Fahrrad auszuborgen (wenn man nicht ohnehin schon damit gekommen ist).

Die Drahteseloption, aber sogar der Fußweg zur U-Bahn, bergen aber einen Fallstrick: Auch Fußgänger und Radfahrer sind nämlich aktive Verkehrsteilnehmer, und für diese gilt die Straßenverkehrsordnung – samt ihren Regeln für den Umgang mit Alkohol. Wer sich also sturzbetrunken auf seinen Drahtesel schwingt und in Schlangenlinien nach Hause strampelt, wird schneller seine Fahrerlaubnis los, als er glaubt. Denn mit 1,6 Promille Blutalkoholgehalt ist man nach Meinung der Behörden »ungeeignet zum Führen von Fahrzeugen im Straßenverkehr« und wird (nach Entzug der Fahrerlaubnis) freundlich zur Teilnahme an einer medizinisch-psychologischen Untersuchung (MPU) eingeladen. Dagegen kann man merkwürdigerweise keinen Widerspruch einlegen – womit diese auch als »Idioten-Test« bekannte behördliche Anweisung übrigens allein auf weiter Verwaltungsflur steht …

Und in der Tat: Diese 1,6-Promille-Grenze gilt grundsätzlich auch für Fußgänger! Zwar ist das Risiko, den Ordnungshütern volltrunken und somit als »verkehrsgefährdender Fußgänger« in die Arme zu laufen, eher gering. Wer aber über die Straße taumelt und Autofahrer dadurch in Schwierigkeiten bringt, kann durchaus zum MPU-Kandidaten werden.

Krieg auf der Straße

Es könnte alles so harmonisch sein: Liebe Autofahrer, Fahrradfahrer und Fußgänger, teilet den

Verkehrsraum, es ist genug Platz vorhanden – und so fahret und gehet in Frieden, aber gehet und fahret.

Doch nein, sie bekriegen sich lieber. Autofahrer schimpfen auf Fahrradfahrer. Fahrradfahrer schimpfen auf Fußgänger. Und Fußgänger schimpfen auf Auto- und Fahrradfahrer. Wenn der Fußgänger aber Fahrradfahrer ist, schimpft er auf die Autofahrer und Fußgänger. Und der Autofahrer, der auch mal mit dem Rad unterwegs ist, schimpft über Fußgänger und völlig vertrottelte Autofahrer, die ihm augenscheinlich nach dem Leben trachten.

Wie kann man sein eigenes Wissen um die anderen Perspektiven so dermaßen verleugnen, sobald man die Perspektive wechselt? Als Autofahrer stelle ich fest, dass die meisten Fahrradfahrer wohl völlig einen an der Waffel haben und radeln, als würden die Verkehrsregeln für jeden gelten, nur nicht für sie: Rechts abbiegen ohne Handzeichen – logisch!; »Rechts vor links« existiert für Fahrradfahrer sowieso nicht; und rote Ampeln sind dazu da, um ignoriert zu werden. Als Fußgänger möchte ich dem Fahrradfahrer am liebsten einen Knüppel zwischen die Speichen werfen, wenn er wieder in vollem Tempo an einer für ihn roten Ampel gerade noch um meinen Körper herumgekurvt ist und mich

auch noch blöd anpöbelt. Als Fahrradfahrer habe
ich Angst vor den wildgewordenen Autofahrern,
die nie den vorgeschriebenen Seitenabstand von
150 Zentimetern zu mir einhalten und aus dem
Fenster brüllen, ich müsse auf dem Radweg fahren.
Muss ich gar nicht! Ich darf – qua jure – auch auf
der Straße fahren, wenn es mir gefällt, aber das weiß
wohl niemand. Als Fahrradfahrer halte ich Fußgänger wiederum für eine völlig überflüssige, den Verkehr behindernde Spezies. Und als Fußgänger weiß
ich zwar, dass ich immer der Schwächere bin,
schimpfe aber trotzdem umso lauter!

Permanent wird übereinander gemeckert und ge-
schimpft in wechselnder Perspektive und unter der
Verwendung der beliebten Straßenverkehrsworte
»Blödmann«, »Arschloch«, Vollidiot«. Gibt es einen
Ausweg aus dem Dilemma? Vielleicht sollte
Deutschland statt Superstars und Supermodels lieber den Superverkehrsteilnehmer suchen ... Welch
schöne Vorstellung: Im nationalen Ausscheidungs-
kampf würde der Radfahrer zum Fußgänger sagen:
»Oh, hallo! Sie wollen über die Ampel? Natürlich
halte ich!« Der Fußgänger würde erwidern: »Vielen
Dank, aber es wäre auch kein Problem für mich,
wenn Sie jetzt schon wieder losführen ...« Alle Autofahrer würden warten, bis sämtliche Kurierfahr-

räder dieser Welt von links kommend auf die Straße eingebogen wären, dabei freundlich ihren Hut lüpfen und lächelnd »Gute Fahrt« wünschen. Wir alle würden um die Auszeichnung des besten Verkehrsteilnehmers der Nation konkurrieren. Wir wären unfassbar nachsichtig, freundlich und umgänglich. Friedliche deutsche Verkehrswelt!

Aber wer will das schon? Wo bliebe der Spaß? Der Spaß, über jemanden zu meckern, sich so richtig aufzuregen – im Auto, im Sattel oder auf dem Bürgersteig. Vor Wut rot anzulaufen, es in den Ohren rauschen zu hören und zu toben wie Rumpelstilzchen ... Und wohin mit der festen Überzeugung, im Recht zu sein? Also: Platz da, verdammt!

Rechts überholen

Irrtum:

Rechts überholen ist grundsätzlich verboten.

Richtig ist:

Rechts an einer Autokolonne vorbeizufahren ist erlaubt, solange diese nicht schneller als 60 km/h ist. Die rechts vorbeifahrenden Fahrzeuge dürfen allerdings höchstens 20 km/h mehr auf dem Tacho haben als jene, die links fahren.

Jung und dynamisch, oft in nicht mehr taufrischen Autos und mit drei Buchstaben vor dem Bindestrich des Kennzeichens, also offenbar landstraßengestählt und von zweifelhaftem Fahrvermögen – so taucht er meistens auf: der Rechtsüberholer! Jeder weiß, wie verführerisch es ist, mit einem gezielten Gasstoß rechts an dem »Linke-Spur-Schleicher« vorbeizuhuschen, insbesondere wenn auf der Überholspur bis zum Horizont kein Fahrzeug zu sehen ist und der Langsamfahrer ohne weiteres rechts fahren könnte, es aber offenbar nicht will (womit er gegen das Rechtsfahrgebot verstößt – aber das ist ein anderes Thema).

Auf Deutschlands verstopftesten Autobahnabschnitten sind allerdings nicht nur Lenkradartisten, sondern auch friedliebende Menschen versucht, gegebenenfalls rechts am Vordermann vorbeizufahren, wenn es der Verkehrsfluss erlaubt. Immerhin ließe sich der unzureichend dimensionierte Verkehrsraum auf diese Weise besser nutzen ... was spricht also dagegen?

In den USA ist das Rechtsüberholen wegen des strikten Tempolimits auf den Highways problemlos möglich, bei uns aber, laut Straßenverkehrsordnung, verboten. Die Paragrafen 5 und 6 sprechen von »Überholen«, wenn ein Fahrzeug von hinten kommend an einem anderen Fahrzeug, das sich auf derselben Fahrbahn in dieselbe Richtung bewegt oder nur verkehrsbedingt wartet, vorbeifährt – und das ist hierzulande nur auf der linken Seite erlaubt. Innerorts ist die Frage

des Rechtsüberholens kein Thema, weil das Rechtsüberholverbot nur außerhalb geschlossener Ortschaften gilt.

Ausnahmen vom Rechtsüberholverbot wurden zunächst
über die Rechtsprechung etabliert und schließlich per § 7
Abs. 2 StVO (»Fahrzeugschlangen«) gesetzlich festgeschrie-
ben: »Bilden sich auf allen Fahrstreifen für eine Richtung
Fahrzeugschlangen, darf rechts schneller als links gefahren
werden«. Unter einer Fahrzeugschlange versteht man mindestens fünf Fahrzeuge, die in »mehr als zähflüssigem Verkehr« und wegen des geringen Tempos mit vermindertem
Sicherheitsabstand unterwegs sind. »Geringes Tempo« heißt
in diesem Zusammenhang maximal 60 km/h.

Wer diese Regel kennt, muss jederzeit mit Autos rechnen, die aus der Fahrzeugschlange von der linken auf die
rechte Spur ausscheren und dort schneller fahren als die
Autos links. Aber Achtung: Diese »Vorbeifahrregel« ist keineswegs ein Freibrief à la »Rechts überholen light«. Wer mit
mehr als 20 km/h Geschwindigkeitsdifferenz an links fahrenden Autos vorbeifährt, fährt nicht einfach nur schneller, sondern er *überholt* – und das kostet laut Bußgeldkatalog mindestens 100 Euro und 3 Punkte auf dem Flensburger Konto.

Im Frühjahr 2010 scheiterte übrigens eine Online-Peti-
tion an den Deutschen Bundestag: Nur 254 Unterstützer
waren der Meinung, dass das Rechtsüberholverbot in
Deutschland abgeschafft werden sollte ...

Auf der mittleren Spur
kann man nichts falsch machen

Würde man vom Autofahrverhalten auf dreispurigen
Autobahnen auf den nationalen Charakter schließen, so wären wir Deutschen ein Volk der Mittel-
mäßigen. Immer mehr Autobahnen sind strecken-
weise dreispurig, und man muss das Gefühl haben,
als hätten alle Fahrer die dritte Spur herbeigesehnt;
denn keine Spur wird so oft und zahlreich benutzt
wie die mittlere. Als sei man überzeugt davon, dass
es niemals falsch sein kann, in der Mitte zu fahren:
Hier kann mir nichts passieren, hier lege ich mich
nicht fest, hier behindere ich niemanden ... Die
rechte Spur kann frei sein bis zum Horizont – egal,
es wird weiterhin stur in der Mitte gefahren. Von
hinten kann ein anderes Auto schnell näher kommen: Der deutsche Durchschnittsmittelspurfahrer
bleibt mit gutem Gewissen in der Mitte. Vielleicht
denkt er: ›Der hat ja noch die ganz linke Spur zum
Überholen.‹ Wahrscheinlich denkt er aber gar
nichts, sondern fährt, als sei die mittlere Spur sein
natürlicher Lebensraum, als fände er seine persönliche Mitte, wenn er *nur* auf der mittleren Spur
fährt. Die Mitte scheint für viele deutsche Autofahrer etwas ungemein Beruhigendes zu haben.

Aber, sehr verehrte Mitte-Boys und -Girls: So geht es nicht. Die Mitte ist dazu da, den Verkehr an besonders verkehrsreichen Strecken zu entzerren. Ihr entzerrt jedoch nicht, ihr okkupiert ohne Sinn und Fahrverstand. Ihr seid ein stetig rollender Stein des Störanstoßes, wie ihr da so stoisch in der Mitte vor euch hin zuckelt. Kommt von hinten ein Fahrer, der sich an die Regeln hält, ist er gezwungen, zum Überholen von ganz rechts über die Mitte nach links auszuweichen, um dann in einem schwungvollen Manöver von ganz links vor dem Mitte-Hindernis wieder nach ganz rechts auf die bis zum Horizont freie rechte Spur zu wechseln. Spätestens dann könnte es euch Mittefanatikern vielleicht auffallen, dass *ihr* irgendwas falsch macht. Aber nein... Im Rückspiegel ist zu beobachten, wie der gemütliche Mittezuckler fröhlich in der Mitte weiterzuckelt.

Ein solches Fahrverhalten sollte Grund genug für eine Führerschein-Nachprüfung sein. Denn hier scheinen maßgebliche Verkehrsregeln aus dem Kopf gefallen und eine Auffrischung dringend erforderlich zu sein. Auch wenn ihr euch in der Mitte so wohl fühlt: *Macht die Mitte frei!* Fahrt gefälligst rechts. Und wenn ihr es nur für mich tut. Ich bin fast so weit, dass ich zu einem dieser ekligen, selbsternannten Verkehrserzieherbesserwisser werde. Und

das will ich nicht, denn Verkehrserzieher sind fast
noch schlimmer als Mittefahrer ...

Unfallflucht

👎 Irrtum:

*Nach einem Parkrempler genügt ein Zettel an der Wind-
schutzscheibe des beschädigten Fahrzeugs.*

👍 Richtig ist:

*Wer sich beim Ein- oder Ausparken verschätzt und ein
anderes Auto beschädigt hat, muss auf dessen Fahrer warten – tagsüber mindestens 30, nachts 15 Minuten. Danach sollte die Polizei informiert und ein Zettel mit den
Personalien hinterlassen werden. Wer anders handelt, kann
der Unfallflucht bezichtigt werden.*

Was haben sich die Designpäpste eigentlich dabei gedacht?
Wo früher verchromter Stahl oder wenigstens unempfind-
liches Hartplastik die allgegenwärtigen Parkrempler gnädig
wegsteckten, ist heute jeder noch so sanfte Kontakt zum
Vorder- oder Hintermann gleichbedeutend mit einem
Autounfall. Genau genommen müsste jeder kleine Kratzer
am lackierten Stoßfänger vom Verursacher professionell behandelt, also poliert und lackiert werden. Denn laut BGB ist

man dazu verpflichtet, einen Dritten nach dem Eintritt eines Schadens (und nichts anderes ist so ein Kratzer) wieder so zu stellen wie vor dem Ereignis. Der Kratzer muss also weg.

So weit die Theorie. In der Praxis wird man das Touchieren des anderen und den eventuellen Mini-Schaden entweder gar nicht bemerken, oder angesichts der Vielzahl vorhandener Kratzer ist nicht zu bestimmen, welche davon schon da waren und welche nicht. Und so zieht man schließlich entweder arglos oder genervt von dannen, ohne auf den anderen Fahrer zu warten.

Wird man dabei von einem missliebigen Rentner aus dem Haus gegenüber beobachtet, könnte es Ärger geben. Denn findet dieser trotz seines übervollen Terminkalenders die Zeit, der Polizei von seinen Beobachtungen zu berichten, steht plötzlich der Vorwurf der Verkehrsunfallflucht im Raum. Dieser Vorwurf wird jedem gemacht, der sich von einem Unfallort entfernt, ohne *beweissicher* seine Personalien zu hinterlassen … Nach jedem Unfall, sofern man ihn wahrgenommen hat, sollte man sich idealerweise direkt mit dem Eigentümer des beschädigten Wagens in Verbindung setzen, auch bei Bagatellschäden. Dazu muss man warten, ob dieser des Weges kommt. Kommt er nicht, muss man die Polizei rufen, damit die den Sachverhalt aufnimmt, oder einem unbeteiligten Dritten die eigenen Personalien mitteilen und ihn somit zum Zeugen der eigenen Unfallbeteiligung machen. Leider finden sich an einem Unfallort selten Dritte,

die sowohl in der Lage als auch willens sind, dieser Bürger-
pflicht nachzukommen.

Zwar könnte man auch besagten Personalienzettel oder
die Visitenkarte einfach mit einem bedauernden Hinweis
hinter den Scheibenwischer des beschädigten Autos klem-
men und auf Kontaktaufnahme durch den Halter des Autos
hoffen; doch obwohl das in vielen Fällen funktioniert, reicht
es dem Gesetzgeber nicht aus: Wie schnell kann ein Wind-
stoß den Zettel davontragen, wie oft schnappt sich ein neu-
gieriger Unbeteiligter die Visitenkarte? Der Geschädigte
ginge folglich leer aus.

Was also ist zu tun, wenn um zwei Uhr nachts kein
Mensch mehr unterwegs ist und das Handy kein Netz hat?
Warten! Nachts mindestens 15 Minuten, tagsüber sogar
dreißig Minuten. Kommt in dieser Zeit niemand, dem man
seine Daten in die Hand drücken kann und dessen Daten
einen von möglichen »Unfallflucht«-Vorwürfen entlasten,
fährt man zur nächsten Polizeiwache und berichtet dort
von dem Kratzer.

Stoßstangen sind zum Stoßen da

Stimmt nicht. Das Wort mag es vielleicht nahe-
legen, zumal der Name anderer Autobauteile ja
auch meistens mit dem Gebrauchszweck überein-

stimmt. Das *Lenkrad* zum Beispiel ist beruhigenderweise wirklich zum Lenken da. Vielleicht stimmte auch die Bezeichnung Stoßstange irgendwann einmal mit ihrer Funktion überein. Denn ganz sicher wurde sie ursprünglich konstruiert, damit es nicht gleich zu hässlichen, Verzweiflung auslösenden Lackschäden am Auto kommt, wenn man einmal sanft wo gegenrumst. Der eine oder andere Mann wird sogar hämisch behaupten, sie sei erst erfunden worden, als Frauen anfingen, Auto zu fahren – die Stoßstange als analoge Einparkhilfe, ganz ohne elektronischen Schnickschnack. (By the way: Das erste Auto wurde bereits von einer Frau gefahren, und zwar von Berta Benz ...) Wie dem auch sei: Es gab jedenfalls Stoßstangen, die ihrem Namen alle Ehre machten und die Autos beim Anstoßen voreinander schützten.

Das hat sich leider grundlegend geändert, wie ein Selbsterfahrungstest an einer Ampel zeigte. Diese schaltete auf Rot, das Auto vor mir bremste, ich auch – leider etwas zu spät. Ich könnte behaupten, weil es Teil meines Versuchs war. Tatsächlich aber hatte ich vor mich hin geträumt.

Und damit stieß – oder besser: tippte – meine Stoßstange gegen die vermeintliche Stoßstange des vor mir bremsenden Autos. Ganz sacht. Minimal nur. Ich dachte: »Ups!« Und dann: »Ach, winkste mal freundlich. War ja nur ein kleiner Stups, ist nichts passiert.« Denn zum Glück haben Autos ja Stoßstangen ...

Aus dem Auto vor mir springt aber eine Furie, wild gestikulierend und schimpfend. Ich steige aus und werde sofort angebrüllt: »Du bist gegen meine Stoßstange gefahren!« Ich, relativ schuldunbewusst: »Ja, stimmt. Entschuldigung, ich hab etwas zu spät gebremst.« Die Furie zetert weiter. Ich sage noch: »Aber es ist doch nur die Stoßstange. Wofür hat man die denn sonst?« Ich finde mich in dem Moment sogar humorvoll! Die Furie nicht, sie kreischt: »Auch noch frech werden! Wehe, wenn da ein Kratzer drauf ist! Dann muss ich das ganze Hinterfrontmodul erneuern!«

Ich begutachte die beiden Autos. Mein Auto: stahlglänzende Stoßstange, wie es sich für einen schönen Altbau gehört. Nichts Kratzerartiges zu sehen! Das Furienauto: eine blaumetallic lackierte Komplettplastikverkleidung, die die gesamte Heckklappe umfasst und sich bis zu den hinteren Türen erstreckt. Welcher Hirni denkt sich so etwas aus? Warum muss die Stoßstange, jener Teil, der kleine Stöße an der Ampel problemlos aushalten würde, ein plastikverschaltes Komplettmodul sein? Sind

wir auf dem Weg zum realisierten Blondinenwitz
(Pointe: Blondine kauft sich ein neues Auto, weil
der Aschenbecher voll ist)? Fakt ist: Findige Auto-
mobilhersteller entwerfen Autos, bei denen ein
Kratzer in der Stoßstange dazu führt, dass das halbe
Auto erneuert werden muss. Geschickt ausgedacht.
Und alle machen mit – ohne zu murren.

Zum Glück war auf dem »Formerly known as
Stoßstange«-Teil des Furienmobils gar kein Kratzer
erkennbar. Das musste auch sie einsehen, bestand
aber noch darauf, meine Personalien zu notieren,
falls ihre Vertragswerkstatt später feststellen sollte,
dass der ganze Wagen verzogen sei oder sie doch
noch irgendwo einen Riss entdecken würde. Dann
brauste sie schimpfend von dannen. Mein Wagen
und ich standen entspannt an der Ampel und grins-
ten ohne Kratzer in die Welt.

Ich finde, die gute alte Stoßstange war eine wun-
derbare Erfindung.

Hierzu der Autopapst:
Keine Frage, die modernen »Prallflächen«, die einst
solide Querträger aus Chrom oder dauerhaftem Hart-
plastik waren, sind eine echte Zumutung: Schon eine
Fremdberührung mit einem etwas zu scharf gebügelten
Hosenbein könnte zu einer meldepflichtigen Sachbe-

schädigung führen. Ja, diese Prallflächen sind schlecht gemacht – aber schlau gedacht. Oder kennen Sie bessere Energievernichter? Denn grundsätzlich gilt, dass die kinetische Energie bei einem Aufprall in Verformungs-energie umgewandelt wird und sich auf diese Weise ver-ringert. Die gute alte Stoßstange neigte kaum zur Verformung, weshalb häufig der Mensch hinter dem Steuer verformt wurde. Je weicher und nachgiebiger eine Prallfläche ist, desto geringer werden die Verzöge-rungswerte, die im Grunde eine negative Beschleuni-gung darstellen und direkt auf den Körper wirken. Wenn man sich also fragt, was lieber zu Bruch gehen sollte, die Prallfläche oder das Brustbein, dann dürfte die Antwort klar und die Einstellung zu modernen Prallflächen eine völlig neue sein.

Wer auffährt, hat Schuld – oder?

👎 Irrtum:

Wer auffährt, ist immer schuld.

👍 Richtig ist:

Das stimmt nicht uneingeschränkt. Im Zweifelsfall muss ein Gericht entscheiden.

Es wäre so schön einfach: Wenn es hinten kracht, kriegt der vorne Geld, und zwar vom Auffahrenden bzw. von dessen Versicherung. Schließlich darf man auf öffentlichem Grund (und damit im Bereich der Straßenverkehrsordnung) davon ausgehen, dass der Auffahrende zu schnell war und/oder zu wenig Abstand zum Vordermann gehalten hat. Der Jurist spricht in dem Fall vom »Beweis des ersten Anscheins« für die Schuld des Auffahrenden. Als idealer Autofahrer bewegt man sich vorausschauend im Straßenverkehr und hält zu anderen Verkehrsteilnehmern stets einen ausreichenden Sicherheitsabstand, der es erlaubt, auf unvorhersehbare Ereignisse angemessen zu reagieren. So weit die Straßenverkehrstheorie …

In der Praxis landen Auffahrunfälle oft auf dem Tisch des Richters, denn an solchen hat keineswegs immer der Auffahrende Schuld. Schuld an Verkehrsunfällen ist vielmehr immer derjenige, der vorsätzlich oder fahrlässig gegen die Verkehrsregeln verstößt und dadurch den Unfall verursacht hat. Es ist also ohne weiteres möglich, dass der *Vordermann* einen Verkehrsunfall provoziert. Ein typisches Beispiel: Der Fahrer eines Automatikautos ist erst seit kurzem ohne Kupplung unterwegs. Nach dem Losfahren an einer Ampelkreuzung will er routinemäßig in den zweiten Gang schalten – und tritt mit dem Kupplungsfuß aufs Bremspedal! Die daraus resultierende Vollbremsung überfordert die Reaktion seines Hintermannes, der natürlich ebenfalls losgefahren ist – es knallt. Schuld bekommt der Automatikfahrer, denn sein Fehlverhalten hat den Unfall hervorgerufen. Oder das Beispiel vom Tierfreund, der auf einer Landstraße bei Dunkelheit und dichtem Verkehr eine Vollbremsung hinlegt, um zwei Kaninchen, die seinen Weg kreuzen, nicht zu überfahren. Angesichts des geringen Schadens, den der Tod zweier Häschen bedeutet, ist diese Reaktion unverhältnismäßig. Hätte die Bremsung indes einem Zwölfender gegolten, der durch seine Größe und sein Gewicht eine deutlich größere Gefahr für Leib und Leben des Autofahrers darstellt, wäre die Antwort auf die Schuldfrage deutlich anders ausgefallen.

Aufgefahren

Dass der Auffahrende bei einem Unfall schuld ist, stimmt zumindest selten in der Wahrnehmung dessen, der gerade aufgefahren ist. Selbst wenn die Tatsachen erschütternd eindeutig sind, scheinen manche »Unfallgegner« die Sache komplett anders zu sehen.

Ein Beispiel, wie es so oder mit kleinen Abweichungen vermutlich zigmal am Tag in der Republik passiert: Mein Auto ist klein. Sehr klein. Ein Mini, und zwar ein alter. Jeder Kinderwagen ist heute furchteinflößender. An einer Ampel steht er neben einem großen Fahrzeug. Sehr groß – ein LKW. Die Ampel schaltet auf Grün, beide fahren los. Dummerweise sieht der Große den Kleinen nicht, benötigt aber in einer Kurve beide Spuren. Das merkt der Kleine leider zu spät, eigentlich erst dann, als es an der Seite plötzlich knirscht. Reflexartiges Brüllen nützt ja selten, weil's keiner hört – so auch diesmal. Ich gebe Gas und versuche, nach vorne wegzupreschen, aber vergeblich, denn gleich rumst es noch mal, und zwar hinten.

Nun hat es der Große auch mitbekommen. Beide bleiben stehen. Ich bin tatsächlich voller Mitgefühl und denke: »Ach, der Arme. LKW-Fahrer möchte ich auch nicht sein. Diese Sache mit dem toten Winkel ist aber auch verflixt.« Tatsächlich kann ja eine ganze Schulklasse aus Sicht des LKW-Fahrers darin verschwinden, heißt es. Er ist nun sicher total geknickt, weil er mir reingefahren ist.

Kaum stehen wir uns jedoch gegenüber, brüllt er sofort los. »Sag mal, spinnst du! Was fährst du mir rein!?« Ich bin perplex und überlege noch ganz kurz, ob er einen Witz macht. Nein, macht er nicht. »Entschuldigung, aber *Sie* sind doch wohl eher *mir* reingefahren!«, sage ich. Er brüllt ungerührt weiter, was genau, verstehe ich nicht, aber es sind jede Menge unschöne Worte dabei. Außerdem spuckt er beim Schreien, und ich weiß, das ist kein Unfall, den wir ohne Polizei regeln können. »Sie brauchen nicht weiterzubrüllen, wir rufen jetzt die Polizei«, sage ich. Er dreht sich knurrend zur Seite.

Und da stehen wir dann gefühlte drei Tage mitten auf der Straße. Einer, der mich anbrüllt, mein Mini sei seinem LKW reingefahren, darf sein Gefährt jetzt natürlich kein Stück bewegen. Also bleiben auch unsere Fahrzeuge mitten auf der Fahrbahn, so wie wir. Ob man das darf? Keine Ahnung, aber das spielt keine Rolle – hier handelt es sich um Beweise gegen einen Verrückten.

Irgendwann kommt die Polizei und widmet sich voll Freude diesem spannenden Fall. Wieder fängt er an zu brüllen: »Die ist mir reingefahren ...« Ich sage betont ruhig, denn langsam ist es schon wie eine Realsatire: »Aber sehen Sie doch bitte, *er* ist *mir* hinten reingefahren. Wie hätte ich das denn tun sollen – an ihm vorbeipreschen, um ihm dann schnell im Rückwärtsgang von vorne reinzufahren?« Der Polizist schmunzelt. Der LKW-Fahrer nicht. Er sagt: »Genau, sie ist einfach so, zack, rechts an mir vorbei ...« Er weist auf eine Miniradspur, die an einem Bauzaun entlangführt. Wäre ich so gefahren, wie er behauptet, könnte ich mich als Stuntfrau bewerben ... Aber diesen Gedanken kann ich nicht weiterverfolgen, der Brüller lässt mir keine Zeit, er sagt meinen Lieblingssatz in diesem Unfallgeschehen: »Ich bin groß, ich hab geblinkt! Du bist klein – du musst aufpassen!« Ach so! Willkommen beim real existierenden Verkehrsdarwinismus. Das Gesetz der Straße: Der Größere hat recht.

Man glaubt es kaum: Fast fünf Monate lang sieht es erschreckenderweise aus, als sei es genau so! Erst dann erstattet mir seine Haftpflichtversicherung nach vielem Hin und Her, etlichen Polizeiprotokolleinsichten und Mahnschreiben den Schaden. Und so fährt er heute noch rum, im sicheren Bewusstsein: »Ich bin groß, du bist klein, du musst aufpassen ...«

Das liebe Geld

Rabatt nur bei Barzahlung?

👎 Irrtum:

Der Preisnachlass beim Neuwagenkauf ist am höchsten, wenn man bar bezahlt.

👍 Richtig ist:

Die Autohersteller verdienen durch Kredite zusätzliches Geld. Daher gibt es auch Rabatte bei Finanzierungen.

Ein neues Auto ist nach dem Kauf einer Immobilie die größte Anschaffung im Leben der meisten Menschen. Es geht um viel Geld, meistens einen fünfstelligen Betrag.

In Zeiten der absoluten Markt- und Preistransparenz könnte man meinen, Autokäufer setzten beim Fahrzeugkauf die Priorität darauf, einen möglichst hohen Rabatt herauszuschlagen. Bevor es um Details wie Farbe, Felgen und Motorisierung geht, wird zunächst oft die Frage nach einem möglichen Preisnachlass gestellt. Und da nicht jeder gut im Feilschen ist, sind Tipps zur Rabattoptimierung stark gefragt. Wann und wo gibt es am meisten »Prozente«? Wo kriege ich meinen Traumwagen zum besten Preis?

Allgemeingültige Antworten auf diese Fragen gibt es nicht. Grundsätzlich aber wird kein Händler ein Auto für einen niedrigeren Preis abgeben, als er selbst dafür bezahlt hat.

Die Abgabepreise der Autohersteller an die Händler variieren stark und sind marken-, modell- und saisonabhängig. Außerdem bekommen große Händler mit einem hohen Absatzvolumen bessere Konditionen beim Hersteller bzw. Importeur als kleine Händler, die nur wenige Autos im Jahr an den Mann bringen. Unterm Strich ist der Verkauf von Neuwagen heute kein sonderlich lohnendes Geschäft: Die Umsatzrendite aus dem Neuwagenverkauf beträgt kaum ein Prozent. Dank der meist hohen Beträge bleibt für den Händler aber dennoch etwas hängen.

Bei der Preisbildung hat der Händler viele Möglichkeiten: Gegen Ende eines Jahres wird beispielsweise oft versucht, mittels sehr attraktiv gepreister Sondermodelle schnell noch die fehlenden zwölf Autos loszuschlagen, um in die nächsthöhere Prämienklasse zu kommen; denn je mehr Autos pro Jahr verkauft werden, desto höher steigt der Prozentsatz der Prämie, die der Händler vom Hersteller für jedes verkaufte Auto bekommt. Hier kann man als Käufer tatsächlich ein Schnäppchen machen. Oder der Händler gibt zwar keinen oder nur einen geringen Rabatt, nimmt dafür aber das Altauto zu attraktiven Konditionen in Zahlung. Besteht der Kunde allerdings auf einem zweistelligen Rabatt, gibt es für den »Alten« eben nur noch 150 Euro. Irrtümlich meinen viele, der Barzahler bekomme einen höheren Rabatt als der Finanzierungskunde. Wahr ist aber: Über die Gebühren und Zinsen, die von der finanzierenden Bank berechnet werden

(überwiegend handelt es sich dabei um die jeweilige Auto-
bank, die de facto zur Wertschöpfungskette des Herstellers
gehört), verdient der Hersteller mehr Geld als mit dem
bloßen Verkauf des Autos.

Daher kann es in der Praxis sogar höhere Rabatte für
einen finanzierten Neuwagen geben. Es soll sogar vorge-
kommen sein, dass die Finanzierung des Autos aus einer
Sonderaktion schon dank günstiger Zinsen billiger war als
ein Barkauf mit Rabatt, weil das vorhandene Geld als Fest-
geld mehr Zinsen einbrachte, als die Finanzierung des Autos
kostete.

Hinzu kommt: Auch wenn Bargeld im Briefumschlag für
den Verkäufer immer noch ein starkes Argument ist, gestaltet sich heute die Buchung großer Bargeldsummen oft
ziemlich umständlich. Ein Mitarbeiter muss das Geld zählen,
zur Bank bringen, dort einzahlen, und schließlich muss die
Firma unter Umständen länger auf die Gutschrift warten.
Die dadurch entstehenden Mehrkosten werden wiederum
mit dem Rabatt verrechnet, weshalb Letzterer keinesfalls
höher ausfällt als beim Finanzierungskauf.

Eine seltene Ausnahmesituation liegt vor, wenn der Verkäufer seinerseits Bargeldgeschäfte plant. In diesem Fall
spart er bei Barzahlung des Käufers Bankgebühren und Zeit,
was sich positiv auf seinen Erlös – und damit auf den dem
Kunden gewährten Rabatt – auswirkt.

Nicht nur Sprit

 Irrtum:

Der Kraftstoffverbrauch ist der wichtigste Posten beim Unterhalt des Autos.

Richtig ist:

Man wird zwar bei jedem Tankvorgang an die viel zu hohen Kraftstoffpreise erinnert; wenn das Auto aber häufig in die Werkstatt muss und einen hohen Wertverlust hat, rücken Benzinkosten in den Hintergrund.

Wer ein Auto der oberen Mittel- oder der Oberklasse fährt, wird beim Bezahlen an der Tankstelle schnell schlecht gelaunt: Angesichts eines 80-Liter-Tanks klettert der Euro-Betrag auf dem Zählwerk regelmäßig in den dreistelligen Bereich. Wer es sich dann noch antut, nach alter Väter Sitte in DM umzurechnen, möchte am liebsten verzweifeln.

In der Tat ist der Kostenblock Kraftstoff insbesondere für Vielfahrer eine deutlich sichtbare Größe im Monatsbudget. Die Spritrechnungen fallen aber nur deshalb so unangenehm auf, weil sie nicht nur regelmäßig, sondern auch häufig anfallen und mit einem direkten Bezahlvorgang verbunden sind. Andere Kosten wie Kfz-Steuer, Kfz-Versicherung und Inspektionen (mitsamt den damit verbundenen Reparatu-

ren wie neuen Bremsbelägen, Reifen und Stoßdämpfern)
tauchen nur einmal im Jahr auf oder sind dann nur ein einmaliges, bald schon wieder verdrängtes Ärgernis. Ganz zu
schweigen vom kontinuierlichen, aber unscheinbaren Wertverlust des Wagens.

Was also nützt einem Autofahrer ein Auto, das nur 3 Liter
auf 100 Kilometern verbraucht, wenn dessen hypermoder-
ne Spritspartechnik ständig defekt ist und nur von teuren
Spezialwerkstätten repariert werden kann? Nicht umsonst
gehen professionelle Fuhrparkmanager in ihren Kalkulatio-
nen von einer Vollkostenrechnung aus, in der neben dem
Kraftstoffverbrauch auch Posten wie Verschleißreparaturen,
Abschreibung und die Einstufungen von Fiskus und Versicherer (Typklassen) eine Rolle spielen. Die großen Automobilclubs haben lange Listen herausgebracht, in denen die
Kosten je gefahrenem Kilometer in Abhängigkeit von der
Jahresfahrleistung aufgeführt sind. Darin kommen die Autos
am besten weg, deren Wertverlust und Wartungsaufwand
gering sind. Meist gehören diese Autos, vor allem hinsichtlich
des Wertverlusts, dem Premiumsegment an und sind als
Neuwagen in der Anschaffung relativ teuer. Das fällt bei
Firmenwagen, die überdurchschnittlich viel gefahren werden
und steuerlich abgeschrieben werden können, weniger ins
Gewicht als bei einer Privatanschaffung – weshalb nicht
jeder sich einen neuen Audi oder BMW leisten kann.

Um die Punkte Wertverlust und Wartungsaufwand zu

optimieren, könnte man aber auf einen günstigen Youngtimer der Marke »Autos für die Ewigkeit« der deutschen Hersteller aus der Zeit zwischen 1985 und 1995 zurückgreifen. Diese Fahrzeuge sind einigermaßen abgasentgiftet (also steuergünstig), problemlos zu reparieren und preiswert in der Anschaffung. Freilich, sie haben keine Fahrerassistenzsysteme, keine Airbags und keine Sitzheizung und sind so gesehen eher ein Tipp für Leute, die noch selbst fahren wollen (und nicht den Computer ans Steuer lassen …).

Wenn man die für so ein Auto geltenden Werte in eine entsprechende Rechnung schreibt, fällt es kaum noch ins Gewicht, dass sie wegen ihrer älteren Motoren ein, zwei Liter mehr auf hundert Kilometer verbrauchen. Und wen hier sein ökologisches Gewissen beißt, sollte sich eines klarmachen: Auch der Bau eines Neuwagens verschlingt Umweltressourcen – und das nicht zu knapp! Reparieren ist, wie auch sonst im Leben, hier nicht nur preiswerter, sondern auch oft umweltfreundlicher als wegschmeißen und neu kaufen.

Preisfalle Internet

 Irrtum:

Billige Ersatzteile aus dem Internet sind ein Schnäppchen.

Richtig ist:

Ersatzteile im Internet zu kaufen kann viel Geld sparen, ist aber nur etwas für Profis; denn manchmal passen sie nicht zum Auto oder sind von minderer Qualität.

Nichts hält ewig: Sobald man sein Auto in Betrieb setzt und damit herumfährt, setzt Verschleiß ein. Der Techniker spricht in diesem Zusammenhang vom »Sinken des Verschleißvorrates«. Entsprechend hebt der Einbau neuer Teile den Verschleißvorrat des Autos wieder auf ein höheres Niveau, was der Verkehrssicherheit zugutekommt.

Natürlich gibt es eine Grenze: Kaum ein seit Jahren genutztes Auto wird von seinem Eigentümer auf einen Verschleißvorrat von 100 Prozent gehoben, also in den Neuzustand zurückversetzt. Bestimmte Bauteile sind einfach zu teuer bzw. nicht sicherheitsrelevant und fallen aus diesen Gründen aus. Werden Verschleißreparaturen irgendwann zu kostspielig, trennt man sich von seinem Auto und kauft ein anderes.

Aber wie ist es um die Kosten und die Qualität von Ersatzteilen, die zum (Weiter-)Betrieb eines Autos nötig sind, bestellt? Die Antwort darauf findet sich, wie inzwischen so vieles, nicht nur in der Fachwerkstatt, sondern auch im Internet. Wer heute nach einem bestimmten Ersatzteil sucht, kann sich über spezialisierte Ersatzteilplattformen wie motoso.de, daparto.de und natürlich eBay-motors.de zunächst über die Details informieren. Der Ersatzteilkauf im Internet ist aus heutiger Sicht eigentlich ein Gottesgeschenk: Der Markt für die gesuchten Teile ist transparenter geworden, bessere Möglichkeiten für den Preisvergleich gab es nie.

Doch auch für den richtigen Ersatzteile-Klick ist Fachwissen erforderlich: Otto Normalfahrer können zwar mit den Angaben aus den Fahrzeugpapieren sehr nahe an das gewünschte Teil herankommen, scheitern aber oft an der Fülle der unterschiedlichen Angebote und Preise. Wer hier auf Schnäppchenjagd geht, erlebt unter Umständen sein persönliches »Teile-Waterloo«.

Über das Internet kommen nämlich immer mehr Ersatzteile auf den Markt, die nicht nur die Original-Hersteller, sondern auch Techniker als Fälschungen brandmarken. Wo die ersteren Dumpingpreise befürchten und ihre eigenen Umsätze wegbrechen sehen, warnen Letztere etwa vor »gepresstem Kamelmist«, der als Bremsbelag verkauft wird. Neben den relativ gut bekannten Herstellernamen (die übrigens auch gefälscht werden können!) sollte der Ersatzteilkäufer speziell bei lebenswichtigen Ersatzteilen – etwa für die Bremsanlage – nach den Zulassungsnummern des Kraftfahrtbundesamtes (beginnt mit KBA ...) suchen. Das ist zwar auch keine sichere Information für die Zulässigkeit des angebotenen Produkts (immerhin gibt es zum Beispiel US-Hersteller, die einwandfreie Qualität liefern und noch nie etwas von der deutschen Behörde gehört haben), trennt aber die Spreu vom Weizen. (Siehe hierzu auch den Eintrag »Original vs. Kopie«.)

Aber selbst wenn die Qualität des per Mausklick erworbenen Produktes stimmt, kann es sein, dass man es gar nicht verwenden kann – dann nämlich, wenn man beim Einbau feststellt, dass man sich bei der Typbezeichnung leider doch um eine Kleinigkeit vertan hat und der Auspuff zwar für einen Audi A4, nicht aber für einen Audi A4 Avant passt …

Die Zuordnungsfunktionen der Anbieter sind allerdings inzwischen so ausgefeilt, dass fast jedes Töpfchen (Automodell) sein passendes Deckelchen (Ersatzteil) findet. Wer lesen kann und die Fahrzeugpapiere bzw. die Bedienungsanleitung seines Autos zur Hand hat, sollte sich im Dschungel der Hersteller- und Typschlüsselnummern, der Motorkennbuchstaben und Schadstoffklassen zurechtfinden. Im Zweifel hilft der Mann vom Ersatzteiltresen weiter. Ob der dann glücklich ist, wenn man das Ersatzteil anschließend im Internet kauft, steht auf einem anderen Blatt. Und die Kehrseite der Medaille: Es bleibt stets ein Restrisiko, weil man nur Abbildungen eines Ersatzteils sieht, bevor man kauft. Ob das Bild der später eintreffenden Lieferung entspricht, ist oft Glücksache.

Wer das (vermeintlich) richtige Ersatzteil zum richtigen Preis auf der Seite eines Online-Anbieters gefunden hat, sollte sich übrigens tunlichst dem Kleingedruckten widmen: Hier stehen Details über Versandkosten (die das Schnäppchen schnell teuer machen können), aber auch über mögliche Rabatte und Pfandleistungen für Austauschteile. Neben dem auch im Internethandel gültigen EU-Gewährleistungsrecht bieten manche Originalteilproduzenten auch eine Herstellergarantie, die einen höheren Preis durchaus rechtfertigen kann.

Grundsätzlich gelten im Online-Handel etwas andere Verbraucherschutzbestimmungen als beim Kauf an der Ersatzteiltheke. Kunden, die Waren von einem professionellen Online-Händler kaufen oder ersteigern, können den Vertrag innerhalb eines Monats widerrufen und die Ware zurückgeben. Dabei muss der Händler eine Reihe von Informationspflichten erfüllen, bevor die Widerrufsfrist beginnt. Er muss zum Beispiel über die Vertragsbedingungen und die technischen Schritte bis zum Vertragsabschluss informieren und die Möglichkeit zur Korrektur von Fehleingaben eingerichtet haben. Insbesondere die Klausel, die dem Anbieter einen Anspruch auf Wertersatz durch den Käufer einräumt, falls die Ware in schlechterem (sprich, nicht mehr neuwertigem) Zustand zurückkommt, muss allgemein verständlich formuliert und leicht auffindbar sein. Beispielsweise muss eindeutig sein, in welchen Fällen ein Anspruch auf Wertersatz besteht. So ist das bloße Öffnen der Verpackung stets erlaubt und löst keinen Anspruch auf Wertersatz aus.

Man ist als Online-Käufer rechtlich einigermaßen auf der sicheren Seite. Dafür freilich verlangen Online-Händler häufig die Zahlung per Vorauskasse. Geht dann irgendwas mit der Bestellung schief, hat man als Käufer eine Menge Papierkram zu erledigen, um die Rückabwicklung des Kaufs durchzusetzen.

Ob dieses Restrisiko die Ersparnis beim Teilekauf kompensiert, muss jeder für sich selbst entscheiden. Das Geschäft mit Autoersatzteilen gestaltet sich durch das Regeldickicht für Online-Händler nicht ganz einfach; es gibt jedoch immerhin ein amtliches Formular, dessen Verwendung auch der BGH empfiehlt, um eine rechtlich abgesicherte Kommunikation zwischen Online-Händler und Kunden zu ermöglichen.

Es gilt also: Mit viel Fachwissen, Sorgfalt und etwas Glück kann man im Internet per Ersatzteilbestellung bei einem seriösen Online-Händler durchaus Geld sparen. Allerdings, wie schon im Kapitel »Original vs. Kopie« erwähnt: Die Beratung durch einen gut ausgebildeten Ersatzteil-Fachverkäufer ist im Zweifelsfalle durch nichts zu ersetzen, zumal man dadurch letztlich doch Geld spart. Denn nur ein Ersatzteilprofi kennt nicht nur das exakt passende Ersatzteil, sondern auch die gegebenenfalls zusätzlich nötigen Dichtungen und Kleinteile. Und er kennt ganz sicher auch die jeweils günstigsten Quellen, weil er sich gegen das Internet-Angebot behaupten möchte.

Vorteil Werksgarantie?

 Irrtum:

Die längere Werksgarantie ist immer die bessere Garantie!

 Richtig ist:

Die längere Werksgarantie lohnt sich nur bei Autos, die ständig defekt sind.

Ideal ist es, wenn ein Produkt in der Garantiezeit einwandfrei funktioniert und sein Käufer keinen Grund hat, das Garantieversprechen des Herstellers in Anspruch zu nehmen. Bis vor nicht allzu langer Zeit gab es für ein neues Auto sechs Monate Garantie. In diesen sechs Monaten nach der Erstzulassung gingen die Autos – wen wundert's – selten kaputt. Angesichts der steigenden Autopreise wollten sich die Autokäufer aber nicht mehr mit solch kurzen Garantiezeiten abfinden, zumal die japanischen Hersteller seit Markteintritt *drei Jahre* Garantie gaben. Darum ist mittlerweile neben das freiwillige Garantieversprechen der Autohersteller die gesetzliche Gewährleistung getreten. In der EU muss der Verkäufer (nicht der Hersteller!) mindestens zwei Jahre ab Vertragsunterschrift für die ordnungsgemäße Beschaffenheit eines Produkts bürgen. In dieser Zeit ist der Käufer allerdings verpflichtet, die vom Hersteller eines Autos vorgegebenen Wartungsvorschriften minutiös einzuhalten und dazu eine Vertragswerkstatt des Herstellers aufzusuchen (idealerweise die des Verkäufers, denn dann sind Garantie- und Gewährleistungsbedingungen gleichermaßen erfüllt). Der Nachweis über diese Wartungsarbeiten wird in das oft zitierte »Scheckheft« eingetragen, das im Gewährleistungs- oder Garantiefall über Wohl und Wehe des Anspruchs entscheidet. Fehlt auch nur ein Stempel, egal aus welchem Grund, gibt es auf jeden Fall Diskussionen und meistens *keine* kostenlose Gewährleistungs- oder Garantiereparatur.

Inzwischen hat sich das Thema Garantie aus dem Bereich Qualitätssicherung in den Bereich Marketing bewegt. Und das ist auch ein Grund, weswegen viele Kfz-Hersteller inzwischen für ihre Autos aufpreispflichtige Anschlussgarantien anbieten. Je länger nämlich eine Garantie dauert, desto länger muss der Autokunde mit seinem Fahrzeug gezwungenermaßen in die Vertragswerkstätten des Herstellers fahren, sobald Wartungsarbeiten anstehen. Man könnte das Garantieversprechen also auch mit »Vertragswerkstattbeschäftigungsprogramm« übersetzen.

Eine lange Garantie ist nur dann erfreulich, wenn das Auto reparaturanfällig ist (was an sich natürlich höchst unerfreulich ist) und die vorgeschriebenen Wartungsarbeiten selten und/oder billig sind. Bei einem qualitativ hochwertigen Auto, für das einmal im Jahr ein kleines Vermögen für Inspektions- und Instandsetzungen in der teuren Vertragswerkstatt bezahlt werden muss, ist die Garantie eher ein Ärgernis! Da man sich die Dauer der Gewährleistung und auch der Herstellergarantie nicht aussuchen kann, sind diese Überlegungen freilich eher philosophischer Natur.

Ein anschauliches Beispiel für Sinn oder Unsinn langer Gewährleistungen ist der Motorroller aus dem Baumarkt, den es im Herbst für rund 700 Euro zu kaufen gibt – als Neufahrzeug mit zwei Jahren gesetzlicher Gewährleistung. Das Fahrzeug stammt aus chinesischer Massenproduktion und ist von, vorsichtig ausgedrückt, fragwürdiger Qualität. Entsprechend häufig treten Defekte bzw. Gewährleistungs-fälle auf. Damit der Verkäufer nicht ein Mehrfaches seines Verdienstes aus dem Rollerverkauf in Gewährleistungsrepa-raturen stecken muss, holt er sich sein Geld aus den vorge-schriebenen teuren Wartungen für das Fahrzeug: Um die Gewährleistung nicht zu gefährden, muss der Kunde mit seinem »neuen« Roller alle sechs Monate zum Service, der jedes Mal pauschal 299 Euro kostet. Nach Ablauf der Ga-rantie hat der Roller also fast 2000 Euro gekostet. Zu die-sem Preis hätte es auch ein Qualitätsprodukt gegeben ...

Wenn das Auto fährt, fährt es – oder?

Wer Autofahrer wird, muss sich entscheiden: Ge-hört man zu den Kategorie-eins-Menschen, den vorsichtigen Lauschern, die beim Fahren immerzu irgendein Störgeräusch hören, die ständig irgendetwas erhorchen, das mindestens den Herztod des Autos bedeuten könnte? Oder gehört man zu den Kategorie-zwei-Menschen, die überzeugt sind: Wenn das Auto fährt, fährt es. Ist es kaputt, merke ich es daran, dass es nicht mehr fährt?

Ich fühlte mich von Anfang an der Kategorie zwei zugehörig. Wer will schon so uncool sein und sich als Autohorcher einordnen? Kategorie-zwei-Menschen lassen das Leben auf sich zukommen. Unerschrocken blicken sie sämtlichen Gefahren des Lebens ins Auge. Und Auto fahren sie, weil sie Auto fahren, und nicht, weil sie zwanghaft Gründe für einen Werkstattbesuch suchen, denn wenn irgendwas kaputtgeht, wird man es schon merken ... Ja, Kategorie zwei gefiel mir richtig gut!

Bis zu jenem Morgen, als ich um kurz nach vier Uhr früh auf dem Weg zur Arbeit zwischen Berlin und Potsdam war. Den Weg kenne ich zwar im Schlaf, versuchte aber dennoch, nicht am Steuer einzuschlafen, und blickte auch ab und zu in den Rückspiegel, aus purer Gewohnheit. Plötzlich schien es mir an einer Ampel, als sähe ich so etwas wie Qualm hinter mir. Aber ich gehöre ja zu den Kategorie-zwei-Fahrern, und die fahren erst mal entspannt weiter. An der nächsten Ampel, kurz vor der Autobahnauffahrt, sah ich es wieder: Qualm. Diesmal eindeutig, und zwar von meinem Auto ausgehend. Aber es fuhr ja noch, und ich musste schließlich pünktlich bei der Arbeit sein. Also rauf auf die Avus (ursprünglich als Rennfahrerteststrecke gebaut) und Vollgas Richtung Potsdam – nach der Devise: Wer schnell fährt, kommt auch schnell an. Und beim schnellen Fahren verweht bestimmt auch der Qualm.

Spätestens an dieser Stelle könnte man ausrufen: »Du dummer Kategorie-zwei-Mensch!« Aber so weit käme man gar nicht, denn mein Auto blieb an dieser Stelle bereits liegen. Stark qualmend. Jetzt war auch deutlich zu erkennen, dass der Qualm nicht von hinten, sondern aus dem Motorraum kam.

Ja, das schaffen nur diese total coolen Kategorie-zwei-Menschen: morgens um halb fünf auf dem Avus-Standstreifen im qualmenden Auto zu sitzen. Und weil man cool ist, ist man natürlich auch nicht im ADAC. Nun aber, da das Problem offensichtlich ist, beginnt auch der Kategorie-zwei-Mensch, sich Sorgen zu machen, und ruft die Polizei, was an sich auch schon nicht cool ist, aber was bleibt einem übrig? »Guten Morgen, oder sagt man noch gute Nacht?«Humor will man ja auch jetzt noch beweisen.

»Mein Auto qualmt ganz doll, es stinkt auch, und ich stehe mitten auf der Avus.«

Ein solches Abenteuer erlebt der Kategorie-eins-Mensch, der Horcher und Aufpasser, garantiert nie. Und nebenbei lernt der Kategorie-zwei-Mensch ab dann auch noch etwas über die Innereien seines Autos. Zwar ist das Lehrgeld dafür ein neuer Motor, doch dafür weiß er jetzt: Beizeiten ein bisschen Empathie fürs Auto zu zeigen ist nicht verkehrt. Und wenn es qualmt, sollte man ruhig anhalten, denn bei zu wenig Kühlflüssigkeit wird erst der Motor heiß, dann geht der Zylinderkopf kaputt – und schließlich der ganze Motor ...

Nachdem ich mir also ganz »cool« einen Motor kaputtgefahren hatte, wurde ich überzeugter Kategorie-eins-Autofahrer: drehte das Radio leiser, wenn ich irgendein Geräusch hörte, fauchte meine Mitfahrer an (»Schschsch, da ist doch was, hört ihr das auch?«), hielt an, wenn es irgendwo klackte, und guckte, ob ich einen Fehler entdecken konnte (was auch immer ich meinte, entdecken zu können, denn mit meinen Autokenntnissen würde ich höchstens merken, dass die Räder nicht mehr da wären).

Bei jedem verdächtigen Laut rannte ich nun in die Werkstatt. Vermutlich gehörte ich dort alsbald

zu den Lieblingskunden – wenn auch mit Trauma-
tendenz:

»Da war dieses Geräusch.«

»Beschreiben Sie doch mal.«

»So ein Quietschen. Nein, vielleicht eher ein
Zwitschern. So ›flietsch-flietsch-flietsch‹. Auch nicht
immer, aber manchmal. Aber nicht nur, wenn es
regnet. Es scheint nichts mit den Bremsen zu tun zu
haben, das habe ich schon ausprobiert. Auch nicht
mit den Rädern, denn mal zwitschert es, wenn sie
drehen, und dann wieder, wenn sie nicht drehen.«

Aber immer wenn ich es vorführen wollte, machte
natürlich nichts ›flietsch-flietsch‹! Ich wurde geradezu besessen von dem Geräusch, versuchte sogar, es
mit meinem Handy aufzunehmen – ohne Erfolg.

Als Nächstes probierte ich, immer genau dann,
wenn es wieder zwitscherte, direkt in die Werkstatt
zu fahren. »Da! Es zwitschert wieder, steigen Sie
schnell ein, damit Sie es hören!« Vermutlich dachte
der Mechaniker während der ersten sechs Monate, es
zwitschere einzig und allein in meinem Kopf. Aber
dann schaffte ich es: Auch er hörte das Geräusch.

Wochenlang prüfte er danach alles, was ihm an
möglichen Fehlerquellen einfiel, und sagte jedes
Mal: »So, jetzt muss es weg sein.« Immerzu fuhr
ich fröhlich vom Hof – und vernahm kurze Zeit

später wieder: das vertraute Zwitschern. Also zurück in die Werkstatt. Meine Verzweiflung wurde
zu deren Verzweiflung, denn das Zwitschern war
pfiffig und ließ sich einfach nicht orten. Als Kategorie-zwei-Mensch hatte ich selten eine Werkstatt von
innen gesehen, als Kategorie-eins-Mensch lernte
ich nach und nach alle Mechaniker persönlich kennen. Ich wusste irgendwann, dass Frank eine vier-
jährige Tochter hatte und Thomas seit Jahren vor
sich hin studierte, weil er lieber am Schrauben war.
Nur dem Zwitschern kamen wir nicht auf die Spur.

Bis ich eines Tages wieder einmal mein Auto ab-
lieferte mit den altbekannten Worten: »Es zwitschert.« Dann verreiste ich für zwei Wochen. Als ich
frisch erholt in der Werkstatt auftauchte, empfing
mich Frank, der Automechaniker, mit einem Grinsen und sagte erleichtert: »Ich hab's gefunden!«

Nein, diese Geschichte endet jetzt nicht mit dem
Witz, dass unter der Kühlerhaube eine Spatzen-
familie nistete, sondern mit der Tachowelle. Die
hatte gezwitschert. »Ganz atypisch und so noch nie
vorher gesehen und gehört.« Meine neue Ausdauer
hatte sich ausgezahlt. Der Fehler war behoben,
nichts zwitschert mehr – nach nur neun Monaten.

Aber Moment mal, schschsch – klackert da nicht
etwas ...?

Beulendoktor

👎 Irrtum:
Wer Dellen aus dem Autoblech weghaben möchte, kommt um die Profi-Lackiererei nicht herum.

👍 Richtig ist:
In vielen Fällen können Parkdellen und andere Blechbeschädigungen ohne Teiletausch unsichtbar gemacht werden.

Im Juni 2008 ging über Emden ein Hagelschauer nieder. Er dauerte 15 Minuten und verwandelte auf den riesigen Parkflächen des Export-Hafens 30 000 Neuwagen der VW-Konzernmarken in B-Ware. Der Versicherungsschaden erreichte 3-stellige Millionenwerte.

Aus ganz Europa wurden Beulenprofis zusammengezogen, die auf dem Emdener Hafengelände im Fließbandverfahren die Hageldellen von innen aus dem Blech der Karossen »massierten« und damit unsichtbar machten. Diese damals verwendete »minimal-invasive« Reparaturmethode ist durch die Berichterstattung in den Medien seither allgemein bekannt und erfreut sich auch bei »Otto Normalautofahrer« steigender Beliebtheit.

Das Verfahren ist keineswegs neu: Die »Hebeltechnik« oder »Lackschadenfreie Ausbeultechnik« gibt es seit etwa

1970 und ist im Werk von Mercedes-Benz in Sindelfingen entstanden. Vorher wurden in der Endkontrolle kleine Dellen noch konventionell ausgebeult und lackiert. Die Mercedes-Jungs perfektionierten ihre Arbeit immer weiter, bis schließlich ein Nachlackieren nicht mehr erforderlich war. 1994 wurde die zu den »Smart-Repair«-Methoden zählende Technik im Kfz-Handwerk eingeführt. Besonders geschulte Ausbeulspezialisten arbeiten dabei mit speziellem Werkzeug, das kleine Dellen (beispielsweise Hagel- und Parkschäden) aus Fahrzeugen entfernt. Der große Vorteil dieser schwierigen Technik: Man muss das betroffene Karosserieteil nach dem Ausbeulen nicht lackieren. Das hält die Kosten gering – und es ist später (im Gegensatz zu einer Neu- oder Beilackierung) nicht nachweisbar.

Treibende Kraft bei der Einführung der Beulendoktoren waren die Kfz-Versicherer, die ihre Partnerbetriebe mit sanftem Druck in diese kostensparende Ecke der Karosseriereparatur drängten. Seither nutzen die Versicherer die lackschadenfreie Ausbeultechnik als Kalkulationsgrundlage bei der Hagelschadeninstandsetzung.

Zaubern können natürlich auch die Beulendoktoren nicht: Die Dellen dürfen maximal 4 Zentimeter Durchmesser aufweisen und sollten nicht an einer Karosseriekante liegen (denn dieser Bereich ist deutlich stabiler als die Mitte eines Bauteils und setzt der Reparatur zu große Widerstände entgegen).

Obwohl das Verfahren elegant und kostensparend ist, trei-

ben Nebenarbeiten wie der Aus- und Einbau von Anbau- und
Verkleidungsteilen oder die Ergänzung von durchs Ausbeulen
beschädigtem Hohlraumschutz den Preis etwas in die Höhe.
Als Kostenbeispiel kann eine zwei Zentimeter große Delle an
einer durchschnittlich erreichbaren Stelle dienen, für deren
Beseitigung ein Fachbetrieb etwa 140 Euro berechnen wird.
Liegt die Reparaturstelle in einem leicht erreichbaren Teil der
Karosserie, können zum gleichen Preis bis zu drei Dellen »behandelt« werden. Zum Vergleich: Die Preise für »konventio-
nelle« Reparaturen von Karosserieschäden (ausbeulen, spach-
teln, lackieren) beginnen bei dreifach höheren Preisen.

Inspektion nur in der teuren Markenwerkstatt?

👎 Irrtum:
*Nur in der Markenwerkstatt wird die Inspektion sorgfältig
gemacht.*

👍 Richtig ist:
*Nur die Markenwerkstatt macht die für Garantie und Ge-
währleistung wichtigen Stempel ins Scheckheft. Nach dem
Ablauf der Garantie bzw. Gewährleistung spielt das keine
Rolle mehr; dann kann man in einer auf das eigene Auto
spezialisierten Werkstatt viel Geld sparen.*

Vom ersten Tag des Automobilbaus an haben die Techniker zusammen mit dem Fahrzeug auch Wartungspläne verkauft. Darin steht, nach welcher Laufleistung oder Zeitspanne ein Fachmann das Auto inspizieren sollte, um einen beginnenden Verschleiß zu diagnostizieren und gegebenenfalls zu reparieren. Die Techniker nennen das, was nach einer Inspektion geschieht, gerne »Wiederauffüllen des Verschleißvorrates«. Ein neuer Bremsbelag hat beispielsweise 100 Prozent Verschleißvorrat; nach 15 000 km sind es vielleicht noch 45 Prozent und mit den nach 25 000 km erneuerten Bremsbelägen wieder 100 Prozent.

Richtig gerne macht solche Inspektionen keiner, weil er dafür auf sein Auto verzichten (oder für zusätzliches Geld einen Wagen mieten) und für fast zwangsläufig anfallende Reparatur- und Servicearbeiten zahlen muss. Auf dieses unterschwellige Grummeln hat die Industrie schon vor Jahren reagiert und die einstmals aberwitzig kurzen Inspektionszyklen (der VW-Käfer etwa brauchte alle 5000 km neues Öl!) deutlich ausgeweitet. Wer heute einen Neuwagen kauft, muss damit oft erst nach 30 000 Kilometern zurück zum Händler. Das ist zum Teil der technischen Entwicklung, zum anderen Teil aber auch den Marketingstrategen geschuldet. Wer nämlich so lange uninspiziert unterwegs ist, hat offenbar qualitativ besonders hochwertiges Material auf den Rädern, und das kostet eben – nicht zuletzt deswegen sind neue Autos so teuer –, und das ist auch gut so, wenigstens aus der Sicht der Hersteller…

Während sich diese selbst auf die Schulter klopfen und ihre hochwertigen Produkte loben, ärgert sich die vom Autohändler bereitgehaltene Werkstatt, weil die mit den Inspektionen immer seltener zu tun bekommt. Als Kompromiss wird daher alternativ zu einer vorgegebenen Laufleistung ein Zeitraum genannt, nach dem ein Auto spätestens technisch überprüft werden sollte, weil ja in der Tat auch die Möglichkeit von Standschäden besteht. Im Ergebnis fährt somit jeder sein Auto wenigstens einmal jährlich in die Werkstatt und zahlt dort für die Inspektion im Schnitt 400 Euro.

Die Inspektion als Cash-Cow der Autobranche? Zumindest die Vertragswerkstätten könnten ohne Inspektion sicher nicht überleben. Deshalb hat die Industrie die in Deutschland so begehrten Gewährleistungs- und Garantieleistungen nach dem Neukauf eines Autos an die minutiöse Erfüllung der Inspektionsvorgaben der Hersteller gebunden. Wer nach einem Motorschaden innerhalb der Garantiezeit ein Serviceheft mit fehlenden Inspektionsstempeln präsentiert, muss sich mindestens auf Diskussionen mit der Gegenseite, in der Regel jedoch auf ein Loch im Bankkonto einstellen. Und diese Serviceheft-Einträge kriegt man ausschließlich in der Vertragswerkstatt der jeweiligen Automarke. Dass diese in der Regel in allen Belangen teurer ist als eine freie Autowerkstatt, ist fast schon eine Binsenweisheit.

Ist die Garantiezeit abgelaufen, wird die Sache einfacher; denn dann ist die Führung des Service-Scheckhefts nicht mehr so entscheidend. Nun kann man seinen Wagen zu Inspektion und Reparatur auch zu einer vertrauenswürdigen freien Werkstätte bringen; diese erledigen die Arbeiten meist genauso gründlich und kompetent, dies aber zu einem spürbar geringeren Preis.

Da das Thema »Inspektion« eine große psychologische Komponente hat, bieten clevere Anbieter übrigens regelmäßig »Frühjahrs-Checks«, »Urlaubs-Durchsichten« oder »Winter-Dienste« an. Geworben wird mit »12-Punkte-Programmen für 12,99 Euro«, gerne auch schon mal in Supermarktflyern. Der einzige Nutznießer davon ist jedoch die Werkstatt, in die der Inspektionskunde mit seinem Auto fährt. Ist der Wagen erst einmal auf der Hebebühne, wird ganz sicher etwas gefunden … Zähneknirschend unterschreibt der Kunde dann den Reparatur-Auftrag, der den Inspektionspreis locker verzehnfacht. Denn die Inspektion ist keine Reparatur! Das Auto wird nur von einem Fachmann »inspiziert« (daher der Name). Im besten Fall werden das Kühlmittel und die Scheibenreinigungsflüssigkeit ergänzt. Schon der Schluck Öl zum Nachfüllen kostet zusätzlich.

Wer ganz sicher sein möchte, dass die Inspektion nur den Momentanzustand der Technik beschreibt, und erst nachträglich in Ruhe zu Hause entscheiden will, ob er reparieren lässt oder nicht, braucht eine wirklich seriöse

(Stamm-)Werkstatt. Oder er geht zu einer der großen Überwachungsorganisationen (TÜV, DEKRA, GTÜ, KÜS etc.) und bittet um einen Check des Autos. Angeboten wird so etwas als »Gebrauchtwagencheck« und kostet zwischen 40 und 80 Euro. Da auf den Prüfbahnen nicht repariert wird, kann man ziemlich sicher sein, dass einem dort keine intakten Stoßdämpfer gewechselt oder völlig einwandfreie Bremsscheiben erneuert werden. Und Angst um die TÜV-Plakette muss man auch nicht haben: Die Gutachter kratzen diese wirklich nur im Extremfall ab (wenn etwa die Bremse komplett ohne Wirkung ist oder die Lenkung versagt).

Mein Blinker und ich – eine flammende Liebe

Ich mag Blinker. Völlig zu Recht zählen sie zu den wertvollen Autoaccessoires, die bei jeder Inspektion und jedem TÜV-Termin geprüft werden. Ich finde, zu blinken hat was Beruhigendes. Jeder weiß, was ich als Nächstes tun will. Außerdem ist das Geräusch des Blinkens einfach schön – es hat so etwas Regelmäßiges, Grundsolides. Es erinnert ein bisschen an Kindheit. Das Klick-klack-klick-klack unseres alten Käfers – das kann heute doch gar keiner

mehr! Nichts geht über ordentliches analoges Blinken. Ein Geräusch, das für die Autos der Zukunft
vermutlich von Sounddesignern als Extra dazuge-
kauft werden kann, so wie das analoge Kameraaus-
lösegeräusch bei Digitalkameras.

Mein Blinker indes dankt mir meine Zuneigung
nicht. Nein, mein Blinker brennt! Während ich
noch schnuppernd versuche, herauszufinden, warum es plötzlich nach verkohltem Kabel riecht,
zündelt genau vor mir eine 20 Zentimeter hohe
Stichflamme aus dem Lenkrad, genauer gesagt, aus
dem Blinkgeber.

Ich schreie – explodiert jetzt gleich mein Auto?
Ich bin schließlich fernsehkrimigebildet ...

Sollte Ihnen auch mal so etwas passieren, dann
lesen Sie jetzt aufmerksam, was im Falle »brennen-
der Blinker« zu tun ist (ich habe es genau in dieser
Reihenfolge durchexerziert – es funktioniert):

1. Ein bisschen hysterisch lachen, das hat was Beruhigendes.

2. Immer eine große Flasche mit Wasser griffbe-
   reit haben.

3. Diese über die Flamme halten und Wasser in
   den Blinkgeberschacht laufen lassen.

4. Ausgiebiges Zischen ist ein gutes Zeichen dafür,
   dass der Brand gelöscht wird.

5. Sich nicht über die Nässe im Cockpit ärgern.
6. Nicht weiter darüber nachdenken, ob Kabel eigentlich eine solche Menge Wasser vertragen.
7. Freuen Sie sich ein wenig, denn jetzt haben Sie was zu erzählen!

Wir lernen: Blinkgeber können spektakulär anfangen zu brennen. Und man *kann* Wasser über einen brennenden Blinkgeber kippen; das schadet fast gar nicht... Der Kabelbaum hätte auch ohne Löschwasser-Attacke repariert werden müssen. Wahrscheinlich!

Leichtlaufreifen

👎 Irrtum:
Leichtlaufreifen sparen viel Sprit.

👍 Richtig ist:
Leichtlauf-Sommerreifen besitzen einen geringeren Rollwiderstand. Laut Umweltbundesamt spart man damit bis zu 5 Prozent Spritkosten – theoretisch.

Wer sich mit der Konstruktion von Autoreifen beschäftigt, ist in einem ständigen Zielkonflikt: Der Käufer möchte einen preiswerten Reifen, der lange hält. Der Techniker möchte einen Reifen, der gut haftet, und zwar sommers wie winters. Und die Umweltaktivisten möchten Reifen, die beinahe un-hörbar abrollen und kaum Rollwiderstand aufbauen. Diese Konstruktionsziele behindern sich gegenseitig oder schließen sich sogar aus. So sind Räder mit harten Gummimischungen zum Beispiel eher verschleißarm, rollen aber lauter ab und bieten weniger Grip als weichere Reifen.

Gute Markenhersteller kriegen diesen Spagat ganz or-dentlich in den Griff. Hier gilt: Kann ein Reifen auf einem Kompaktwagen etwa 50 000 Kilometer gefahren werden, bis er die minimal zulässige Profiltiefe erreicht hat, ist das ein Top-Wert. Wenn er gleichzeitig nicht viel mehr als 40 Meter benötigt, um von 100 km/h auf 0 zu kommen, kann man von einer guten Reifenwahl sprechen.

Allerdings sind gute Reifen meist nicht ganz billig. Noch teurer sind Hochleistungsreifen, die zwar sensationell kurze Bremswege bieten und in Kurven dem ESP sehr lange Zeit lassen, bis es eingreifen muss, aber dafür spürbar schneller verschleißen.

Eine weitere Option sind Reifen, deren Rollwiderstand zu Lasten der Reifenhaftung optimiert werden konnte. Ein Kleinwagen, der vorrangig als Shuttle zwischen Wohnung und Arbeitsplatz dient und dessen Fahrer keinerlei Ambitio-nen auf die Tagesbestzeit hat, wird mit so einem Reifen tat-sächlich (auf dem Prüfstand messbare) 5 Prozent weniger

Kraftstoff verbrauchen. Das sind bei einem modernen Kleinwagen mit einem Kraftstoffverbrauch von 6,3 Liter pro
100 Kilometer etwa 0,3 Liter – oder etwa 30 Cent Ersparnis pro gefahrenen 100 Kilometern.

Das ergibt bei einer Jahresfahrleistung von 15000 Kilometern eine Einsparung von satten 45 Euro, die man mit
den Mehrkosten von circa 30 Euro für den Reifensatz ge-
genrechnen muss. Rechnerisch ist man also nach drei Jahren
mit etwa 100 Euro im Plus – auf Kosten der Sicherheit, denn
dafür haftet der Reifen konstruktionsbedingt nicht ganz so
gut auf der Straße und rollt vielleicht sogar lauter ab als ein
günstigeres Angebot des gleichen Herstellers ohne die real
kaum spürbaren Rollwiderstandsvorteile.

Wer übrigens als Autofahrer jemals einen No-Name-
Reifen aus fernöstlicher Produktion gekauft hat, wird rasch
feststellen, dass manche Reifen auch gar keines dieser
schwer zu vereinbarenden Qualitätskriterien erfüllen. Von
Grip ist da oft nichts zu spüren, was man spätestens nach
der ersten etwas zu schnell gefahrenen Kurve an einem Re-
gentag bereut. Die Gummimischung ist offenbar ein Zufalls-
produkt und nicht einmal sonderlich haltbar. Diese »Holz-
reifen« sind nicht nur für lange Bremswege, sondern auch
für schnellen und ungleichmäßigen Profilverschleiß bekannt.
Das sollte man sich nicht antun.

Spritfresser Automatik?

☝ Irrtum:

Schaltwagen sind immer deutlich sparsamer als die Automatik-Variante!

👍 Richtig ist:

Die technisch bedingte Verbrauchsdifferenz ist nur noch gering; inzwischen gibt es automatisierte Schaltgetriebe, die bei Prüfstandtest weniger verbrauchen als Handschaltungen. Wie hoch der Spritverbrauch ist, hängt vor allem vom individuellen Fahrverhalten ab!

Der Hauptunterschied zwischen Automatik und Handschaltung liegt in der Kraftübertragung zwischen Motor und Getriebe: Beim Schaltgetriebe muss der Fahrer vor jedem Schaltvorgang auf das Kupplungspedal treten, um den Kraftfluss zu unterbrechen (anders wäre jeder Gangwechsel sehr mühsam …). Die Automatikversion eines Autos hingegen hat dort, wo sonst die Kupplung sitzt, einen Drehmomentwandler, der keine kraftschlüssige Übertragung von Motor zu Getriebe herstellt, sondern eine hydrodynamische. Diesen Wandler muss man sich wie zwei sich gegenüberliegende Propeller in einem Ölbad vorstellen, wobei der motorseitige (bei laufendem Motor) den getriebeseitigen durch

das strömende Öl mitnimmt. Das funktioniert sehr ge-
schmeidig, aber durch den Wandlerschlupf mit einem Leis-
tungsverlust von 10 bis 15 Prozent. Für heutige Verhältnisse
ist das geradezu katastrophal, bleiben doch von 100 PS des
Motors bloß noch 90 oder gar 85 PS am Getriebe übrig.
Diese Prozentzahl lässt sich natürlich auch in Verbrauchs-
daten umrechnen: Wenn der schaltgetriebene Wagen 9 Liter
Kraftstoff für 100 Kilometer Fahrstrecke benötigt, sind es
beim Automatikwagen fast 10 Liter.

Das trifft allerdings nur auf ältere Wandlerautomaten zu.
Seit Anfang der 90er Jahre des vergangenen Jahrhunderts
haben Wandlerautomatiken sogenannte »Wandlerüber-
brückungen«, die den oben beschriebenen Wandlerschlupf
und den daraus resultierenden Mehrverbrauch in den oberen
Automatikfahrstufen fast komplett egalisieren.

Viel besser als Wandlerautomaten funktionieren automatisierte Schaltgetriebe. Dabei handelt es sich eigentlich um
ein konventionelles Getriebe mit Kupplung; die Gänge werden aber automatisch gewechselt bzw. bedient. Das erledigt
eine Steuerungselektronik, die automatisch immer zum
genau richtigen Zeitpunkt für den Gangwechsel sorgt. Das
senkt den Verbrauch sogar noch unter die Werte durch-
schnittlicher Handschalter, weil die Elektronik den passen-
den Schaltmoment besser findet als der Normalfahrer. Jeder
moderne Kleinwagen mit Automatik hat solch ein auto-
matisiertes Schaltgetriebe. In der Regel funktioniert es un-

auffällig. Schlechte Presse brachte es allerdings dem Smart ein: Ihm wurde ein »Nick-Nick«-Schaltverhalten nachgesagt.

Vollkasko vs. Teilkasko

👎 Irrtum:

Vollkasko ist teurer als Teilkasko und lohnt sich nur für Neuwagenfahrer.

👍 Richtig ist:

Bei der Vollkaskoversicherung gibt es einen Schadenfrei-heitsrabatt, der unter Umständen für eine deutlich gerin-gere Prämie sorgt als bei der nicht rabattfähigen Teilkasko-versicherung.

Eine Vollkaskoversicherung umfasst sämtliche Schäden am eigenen Auto – auch die, die durch Selbstverschulden entstehen. Wem plötzlich wegen überhöhter Geschwindigkeit der Asphalt unter den Rädern ausgeht, so dass die Fahrt erst von einem Alleebaum beendet wird, wird das zu schätzen wissen. Die Teilkaskoversicherung hingegen deckt nur Elementarschäden wie Glasbruch, Feuer-, Hochwasser- und Wildschäden (je nach Vertragsumfang) sowie das Diebstahl-risiko ab (allerdings keinen Vandalismus) – all jene Schäden also, auf die der Fahrer keinen oder nur wenig Einfluss hat;

auch ärgerliche Marderspuren unter der Motorhaube, deren Reparatur im Schnitt 300 Euro kostet.

Die jeweilige Höhe der Kosten für einen Kaskoschaden – und somit indirekt auch die der Versicherungsprämie – hängt von den Ersatzteilpreisen und der Reparaturfreundlichkeit eines Autos ab. In die Kalkulation der Prämie durch die Versicherungsgesellschaft fließt aber auch die Häufigkeit solcher Schäden mit ein. Ist Autotyp XY überdurchschnittlich schadensanfällig (wird also z. B. besonders oft gestohlen) bedeutet das für den Versicherungsnehmer eine überdurchschnittlich hohe Teilkaskoprämie.

Grundsätzlich gilt das auch für die Vollkaskoversicherung; hier kann der Fahrer seine persönliche Schadenshäufigkeit allerdings positiv beeinflussen, indem er defensiv und umsichtig fährt. Denn für jedes schadensfreie Jahr bekommt er Rabatt – den sogenannten »Schadenfreiheitsrabatt«, was die Prämie um bis zu 65 Prozent sinken lassen kann. Solche Rabatte gibt es nur bei einer Vollkasko-, nicht aber bei einer Teilkaskoversicherung.

Beispiel: Wenn man ein Modell fährt, das nach einem Blechschaden problemlos und mit preiswerten Ersatzteilen zu reparieren ist, aber laut Statistik ziemlich oft gestohlen wird, kann die Vollkaskoprämie ohne weiteres durch den Schadenfreiheitsrabatt niedriger sein als die Teilkaskoprämie, sobald einige Jahre schadenfrei gefahren wurden. In diesem Fall empfiehlt es sich, selbst ein altes Auto Vollkasko zu

versichern, da die Teilkasko stets Bestandteil der Vollkaskoversicherung ist.

Geld oder Liebe

Autos können Gefühle wachrufen, die man seit seiner Kindheit nicht mehr hatte. Zum Beispiel: sich
vor Angst nicht nach Hause zu trauen ...

Sie fährt ein Auto, das gerade nicht fährt, weil es
gerade in der Werkstatt steht. Er fährt ein teures
Sport Utility Vehicle. Sie hat die letzten Monate damit verbracht, über die Notwendigkeit eines solchen
Pseudo-Geländewagens in der Stadt zu lästern, was
er mit enervierender Gelassenheit ertragen hat.
Jetzt aber will sie, dass er ihr sein Auto leiht. Er sagt
nein. Sie macht auf Drama. Er gibt nach. Sie lächelt
dankbar wie ein Hündchen – so übel ist dieses SUV
ja doch nicht ...

Er sagt noch: »Aber sei vorsichtig, ist gerade erst
abbezahlt.« Sie denkt: Blablabla. Er macht sich Sorgen. Sie weiß noch nicht, dass zu Recht. Er parkt in
einer Tiefgarage. Sie steigt ein und fährt los. Er
kennt die Parkgarage mit der millimetergenau zu
befahrenden Ausfahrt. Sie nicht. Er fährt sein Auto
immer ganz entspannt nach draußen. Sie fährt etwas

weniger entspannt, weil das Ding die gefühlten Ausmaße eines Panzers hat – und hört plötzlich dieses Geräusch. Er würde sofort anhalten. Sie nicht, denn das Geräusch wird schon aufhören, oder? Er würde wissen, dass er die Wand der Ausfahrt touchiert. Sie nicht, drückt nun sogar etwas entschlossener aufs Gas und fährt bis nach oben.

Und dann hält sie oben an, um doch mal zu gucken, woher das hässliche Geräusch kam. Steigt aus, geht um das Auto herum – und stellt fest: Auweia! Auf dem schicken, gerade abbezahlten SUV, das er hegt und pflegt wie ein drittes Riesenbaby, hat sie eine kleine Schramme reingefahren. Genau genommen hat sie den ganzen Wagen vom vorderen bis zum hinteren Kotflügel in eine einzige scheußliche Schramme verwandelt. »Wenigstens gleichmäßig«, fährt ihr sinnloserweise durch den Kopf.

Sie fährt zur Arbeit. Ob sie das irgendwie wegreiben kann? Sie steigt aus und reibt ein bisschen. Aber hier lässt sich nichts wegreiben. Die Megaschramme bleibt, der Lack ist ab. Selbst wenn seine Sehfähigkeit wie durch ein Wunder schlagartig um 50 Prozent nachlassen würde, er würde das Malheur sehen.

Nun sitzt sie am Schreibtisch – und spürt in sich dieses Auweiaichhabemeinzuhauseverloren-Gefühl, wie früher, wenn man in Mathe eine Fünf bekommen hatte und das den Eltern beichten musste. Nie wieder kann sie dahin zurück. Denn wie soll sie das erklären? Etwa: »Du hast zwar gesagt ›Pass auf‹, darum hab ich mich auch bemüht, hat aber leider nicht ganz geklappt« ...?

Sie überlegt schon, welche Freundin sie in dieser großen Not aufnehmen könnte, wird aber im selben Moment wütend und denkt: »Der soll sich nicht so anstellen! Ist doch nur ein blödes Auto. Soll froh sein, dass *mir* nichts passiert ist!« Als sie ihn dann endlich anruft, will er dieser Argumentation allerdings nicht folgen: »Was hätte dir denn passieren sollen beim Rausfahren aus der Garage! Spinnst du?« Mit menschlichen Beziehungen ist es wie mit Autos: Ist der Lack erst ab ...

Aber das denkt sie lieber nicht zu Ende, denn würde die Beziehung am Lack eines Autos scheitern, käme das zwar auf einen Spitzenplatz der absurden Schlussmach-Gründe, wäre aber einfach zu kindisch. Man muss es positiv sehen: die Beziehung ist zu retten – für läppische (!) 3000 Euro. Genau so viel kostet eine Neulackierung einer ganzen Seite eines neuen SUV in Titangraumetallic. Jetzt ist der Lack wieder drauf – auch in der Beziehung.

Warm laufen lassen

☞ Irrtum:

Nach dem Start sofort loszufahren kostet mehr Sprit, als wenn man den Motor erst warm laufen lässt.

👍 Richtig ist:

Ein kalter Motor verbraucht mehr Sprit und stößt hohe Schadstoffmengen aus. Im Leerlauf überwindet der Motor diese verbrauchsintensive Kaltlaufphase erst nach langer Zeit, weil dem Motor keine Leistung abverlangt wird. Und wo wenig Leistung gefragt ist, fällt auch wenig Abwärme an ... Deshalb immer gleich losfahren und den Motor nicht erst warm laufen lassen.

Diese Unsitte ist offenbar nicht auszurotten: Immer noch werfen viele Leute – und keineswegs nur die »unverbesserlichen Alten« – im Winter zunächst einmal den Motor an, um dann bei laufender Maschine die Glasflächen von Schnee und Eis zu befreien. Ihre Begründung: »Es ist schlecht für den eiskalten Motor, wenn man sofort mit hoher Drehzahl fährt« oder »Die Ölversorgung muss erst einmal in Schwung kommen« oder »Der kalte Motor hat noch keinen stabilen Leerlauf« ... Zu Urgroßvaters Zeiten, als man den Motor noch mit der Kurbel anreißen musste, mögen solche Erklärungen ihre Berechtigung gehabt haben, denn damals waren Gemischaufbereitung, Zündung und Kraftstoffqualität auf einem relativ niedrigen Niveau und ein ständiger Quell von Motorausfällen. Und die Kurbelei wollte sich verständlicherweise niemand öfter als unbedingt nötig antun. Also wartete man lieber einige Minuten ab, bis der Motor rund und sicher lief, bevor man losfuhr. Die Öl- und Dampfwolke war aber selbst dann höchst eindrucksvoll.

Nicht erst seit gestern aber gibt es in unseren Fahrzeugen elektronisch gesteuerte Einspritzanlagen, außerdem sind die Motoren perfekt gewuchtet und laufen vom ersten Klappern mit dem Zündschlüssel spontan und leise durch. Voraussetzung dafür ist ein guter Pflegezustand. Andernfalls kommt es zu den gleichen Störungen wie vor neunzig Jahren: Der Motor springt nicht an oder bleibt bald wieder stehen. Wer meint, der ungepflegte Zustand des Motors könne durch eine Verlängerung der Warmlaufphase im Stand ausgeglichen werden, irrt. Ein Motor, der nur im Stand vor sich hin tuckert, muss keine Leistung liefern. Entsprechend gering sind Kraftstoffbedarf und Abwärme. Und ohne Wärmeentwicklung wird auch der Motor nicht warm. Im Gegenteil: In diesem Leerlaufmodus braucht er viel länger, um warm zu laufen, als wenn er eine normale Fahrleistung liefern muss. Das kostet unnötig Sprit und verpestet sinnlos die Luft, und die Scheiben werden auch nicht schneller vom Eis befreit.

Deshalb gilt: Wer bei strengem Frost schnell einen betriebswarmen Motor haben möchte, der entsprechend wenig Kraftstoff verbraucht, sollte spätestens zehn Sekunden nach dem Starten des Motors mit mittlerer Drehzahl losfahren. Idealerweise bleibt die Heizung noch zehn Minuten lang aus, damit sich erst einmal das Kühlwasser erwärmen kann. Wenn mit der Kühlanlage alles stimmt, ist das Wasserthermometer anschließend im grünen Bereich der normalen Betriebstemperatur. Im Leerlauf hätte sich der Zeiger nach zehn Minuten ganz sicher noch keinen Millimeter bewegt!

Übrigens: Unnötiges Laufenlassen des Motors im Stand ist eine Ordnungswidrigkeit und kann mit einem Verwarnungsgeld von 10 Euro geahndet werden. Das kann man sich ebenso sparen wie die unnötigen Spritkosten, die durch diese unsinnige Maßnahme entstehen.

Verachtet mir die Alten nicht

👎 Irrtum:
Youngtimer sind viel zu teuer im Unterhalt.

👍 Richtig ist:
Im Vergleich zu einem Neuwagen schneidet ein Youngtimer bei den Kosten deutlich besser ab.

Was ist ein Youngtimer? Eigentlich ein »Verbrauchtwagen«, der schon mehr als zwanzig Jahre auf dem Buckel hat, aber noch keine dreißig – dann wäre er nämlich ein Oldtimer. Es sind Autos, die irgendwie die Kurve zum Kultmobil bekommen haben. Eine Ursache dafür ist wohl der Umstand, dass die jungen Erwachsenen von heute ihre Kindheit in diesen Autos verbracht haben. Und das verbindet …

Eines Tages steht er da mit einem »Zu verkaufen«-Schild. Die Hand liegt schon auf dem Telefonhörer, da meldet sich das Gewissen: Diese alten Autos zu fahren ist doch nur teuer – oder? Das wird oft angenommen. Aber die Rechnung sieht anders aus. Nehmen wir mal einen W123, den Vor-vor-vor-vorgänger der heutigen E-Klasse von Mercedes. Das ist ein Auto für die Ewigkeit, voller Chrom – der letzte Voll-Metall-Daimler. In gutem Zustand bekommt man so eine 230 E-Limousine, die zwischen 1976 und 1985 gebaut wurde und schon an der Grenze zum H-Kennzeichen (= Oldtimer) kratzt, für 4000 bis 5000 Euro. Sein vergleichbarer Ur-ur-Enkel E 250 kostet in der Basisversion knapp 46 000 Euro, also etwa das Zehnfache. Wer redet da von »teuer«?

Doch jetzt schon zu urteilen wäre verfrüht, denn zu wichtig ist das Kriterium »Vollkostenrechnung«. Neben den Anschaffungskosten umfasst sie folgende Kostenblöcke:

– Treibstoff
– Wartung
– Versicherung

– Steuer

– Verschleiß/Reparaturen

– Wertverlust

Der Wertverlust ist der mit Abstand teuerste Faktor nach dem Kauf eines Autos. Ein neuer E 250 verliert im Laufe der ersten drei Jahre seines Lebens jeden Monat etwa 1 Prozent seines Wertes. Das sind umgerechnet rund 400 Euro im Monat. Der W 123 hingegen ist bei guter Pflege nach drei Jahren und weiteren 45 000 Kilometern Laufleistung *mindestens* so viel wert wie heute. Der Faktor Wertverlust liegt hier also bei 0 Euro pro Monat.

Auf diesen 45 000 Kilometern braucht aber auch ein Youngtimer Benzin, und zwar nicht zu knapp: Der E 250 ist wirklich deutlich sparsamer als sein Ahne. Doch aufgrund des höheren Fahrzeuggewichtes der heutigen Karossen resultieren daraus keine Kostenwunder: Der alte Mercedes braucht grob geschätzt etwa drei Liter auf 100 Kilometer mehr. Bei 1,50 Euro pro Liter sind das 4,50 Euro alle 100 Kilometer, macht also 675 Euro zusätzliche Kraftstoffkosten jährlich. Dafür kosten die Reifen maximal die Hälfte (weil sie kleiner sind als diejenigen des vergleichbaren heutigen Modells), und die Versicherung nimmt nur noch einen sehr kundenfreundlichen Liebhaberpreis als Prämie. Diese Ersparnis dürfte zusammen bei etwa 400 Euro liegen, die von den höheren Kraftstoffkosten abzuziehen sind.

Bislang ist die aktuelle E-Klasse bei den Betriebskosten also mit etwa 250 Euro pro Jahr im Vorteil. Das entspricht dem Wertverlust von gerade einmal drei Wochen.

Nun zum Thema Reparaturen und Wartung: Defekte beim Neuwagen werden in den ersten drei Jahren von Garantie und Kulanz abgedeckt, beim Oldie rechnen wir mit jährlich 1000 Euro (sehr konservativ geschätzt!). Die normale Wartung ist ähnlich, hier gibt es keine Kostenunterschiede. Wenn man die obigen 1000 Euro abzieht, beträgt der Kostenrückstand des Neuwagens auf ein Jahr gerechnet »nur« noch acht Monate. Die Kfz-Steuer bewegt sich auf ähnlichem Niveau, weil der alte 230 E bereits mit einem D3-Kat ausgerüstet werden kann.

Unterm Strich ist die neue E-Klasse also im Jahr etwa 3000 Euro teurer, was die Betriebskosten incl. Wertverlust angeht. Wenn man jetzt die knapp 40 000 Euro, die beim Kostenblock »Anschaffung« gespart wurden, noch gut anlegt, gibt es alle drei Jahre etwa 3600 Euro Zinsen – oder einen weiteren Youngtimer …

Retrostyle per Hutablage

Wenn ich an meinen Opa denke, denke ich immer auch an alte Autos, genau genommen an einen schlammgrünen Audi 80. Ich denke an Fahrten in

den Urlaub, auf die meine Omi grundsätzlich hartgekochte Eier mitnahm – obwohl es kaum einen
schlimmeren Gestank im Auto gibt als jenen leicht
fauligen, den hartgekochte Eier während des Ge-
pelltwerdens absondern. Wie auch immer, die Eier
begleiteten uns in jeden Urlaub – ebenso wie das
Püppchen auf der Hutablage des Audi 80. Dieses
Püppchen, eigentlich eine Tänzerin, war sehr
schick, sehr weiblich und trug einen faszinierenden
Häkelrock mit – das war der Clou – einer Klopapierrolle darunter! Das klassische Hutablagen-Klorollen-
Häkelpüppchen sah man damals in vielen Autos
und in so gut wie allen Audi 80. Die Häkelröcke
waren rot, blau, grün, gerne auch mal rosa und
natürlich immer lang und wallend (ein Minirock
hätte die Klopapierrolle ja auch nicht abgedeckt).

Während mich als Kind vor allem das Püppchen
interessierte, betrachte ich heute eher die Klopapierrolle und frage mich: Warum hatte man die dabei?
Sollte es wirklich möglich sein, dass mein Opa, der
Old-fashioned-Gentleman im Anzug, irgendwo auf
freier Strecke hielt, um die Klopapierrolle unter
dem Püppchen hervorzuzerren, im Wald zu verschwinden und das Klopapier seiner eigentlichen
Bestimmung entsprechend zu benutzen? Schwer
vorstellbar. Aber selbst wenn von einer eventuellen

Notdurft ausgegangen werden darf – warum hatte
man die Klopapierrolle dann nicht einfach im Kofferraum verstaut? Warum dieses gut sichtbare Klorollen-Püppchen, dem man im Falle eines Falles
erst mal unter den Rock greifen musste? Oder ging
es genau darum? (»Mad man« lässt grüßen!) Gab es
gar das Klorollen-Püppchen beim Kauf eines Audi 80
als Dreingabe?

Möglicherweise ging es ja gar nicht um die Klopapierrolle, sondern doch um das Püppchen und den
Rock. Es sorgte sozusagen für Gemütlichkeit, für
Wohnlichkeit ... Und damit der Rock auch schwang
(so wie der Dackelkopf wackelt), musste man etwas
drunterstopfen – eine Klopapierrolle eben. War es
das?

Fragen über Fragen ... Aber ich mochte das Klo-
rollen-Häkelpüppchen auf der Hutablage von Opas
Audi 80 auf jeden Fall lieber als die hartgekochten
Eier meiner Oma, die wir immer furchtbar schnell
aufaßen, während ich die Klopapierrolle des Häkel-
püppchens nie in Action gesehen habe. Ich bin
froh, die textile Tänzerin kennengelernt zu haben.
Denn ein Blick auf die heutigen Hutablagen der
Nation zeigt: Es gibt sie nicht mehr; die Häkelpüppchen mit Klopapierrolle sind ausgestorben. Auf der
Hutablage von heute liegen stattdessen Werder-

Bremen-Schals, oder es kleben »Böse Onkelz«-Auf-
kleber quer über der Heckscheibe ... Selbst Wackel-
dackel sind inzwischen schon wieder Exoten.
Traurig.

Ich habe mich daher für Retro-Maßnahmen ent-
schieden. Wir haben angefangen, hartgekochte Eier
mit auf Reisen zu nehmen. Wir reden uns dann ein,
es rieche nach Urlaub, und verspeisen sie noch vor
der Autobahnauffahrt. Außerdem habe ich meiner
Tochter eine Barbie abgeschwatzt, ihr die langen
Beine ausgerissen und stattdessen einen schicken
rosa Häkelrock mitsamt Klopapierrolle verpasst.
Jetzt thront sie auf unserer Hutablage und sieht
sehr glücklich aus. So wie wir, schließlich weiß
man ja nie, ob man doch mal muss, irgendwo in der
Prärie ... Dann sind wir gewappnet – und unser
Auto ist schön und gemütlich!

Epilog

Jungs spielen gerne mit Autos. Was bedeutet: Auch Männer spielen gern mit Autos – in jederlei Hinsicht. Wenn sie sich die großen (Autos) nicht leisten können, dann nehmen sie die kleinen – genau genommen die ganz kleinen. Die Carrera-Pest ist so ein Ausdruck von männlichem »Playground« – oder auch Abgrund.

Anfangs kann man es noch ganz süß finden, wie Männer, wenn sie Väter werden, auch wieder anfangen, mit den Spielzeugautos ihrer Söhne durch sämtliche Zimmer zu kurven. Bis man feststellt: Diese Väter spielen gar nicht *mit* ihren Söhnen, sondern erfüllen sich gerade ihren ganz großen Lebenstraum: eine Carrerabahn durch die ganze Wohnung. Das ist kein Spiel mehr, das ist ein Krankheitsbild! Väter werden mitunter zu wahren Carrera-Fanatikern. Sie kaufen quasi wöchentlich neue Streckenteile und Accessoires, ein Zimmer nach dem anderen wird mit den Worten »Das ist unser Carrera-Zimmer« okkupiert. Das Kind hat Glück, wenn es überhaupt noch mitspielen darf, wenn Papa mit verzücktem Gesichtsausdruck plant, baut und fährt. Eine erschreckende Degenerierung: Hatte man sich vor einiger Zeit mit ihm noch über das Weltgeschehen unterhalten, kriegt man jetzt die neueste Startrampe der Carrerabahn vorgeführt. Und seien wir mal ehrlich – ohne dass ich zur Fraktion der »Jedes Kind kann auch mit einer Handvoll Kastanien ein erfülltes Spielleben fristen« gehöre: Carrerabahnen sind genauso stupide wie sonntägliche Formel-1-Rennen im Fernsehen; bis auf den kurzzeitigen Spaß, dass man die Strecke selber aufbaut. Denn danach darf a) nichts mehr verändert werden, und b) fahren die Autos – total spannend! – immer im Kreis …

Das Kind im Manne scheint sich an dieser Stelle freudvoll zu entfalten; völlig infantil wird stundenlang vor der Carrerabahn gesessen. Der Spaß für den Nachwuchs hält sich in Grenzen, weil Papa alles an sich reißt und sowieso alles besser weiß, immer voller Angst, es könne etwas kaputtgehen. Hatten alle diese Carrera-Papas eine unglückliche Kindheit, deren Kompensierung man jetzt einfach ertragen muss? Ist Carrera das Scientology der Kinderzimmer? Und was wird bloß später aus den Jungs, die heute darum betteln müssen, dass Papa sie auch mal an den Handregler respektive an *ihre (!)* Carrerabahn lässt? Dürfen meine Enkelkinder vielleicht doch lieber nur mit Kastanien spielen …?

Inzwischen bin ich zu der Erkenntnis gelangt, dass die Autoleidenschaft genetisch verankert sein muss. Ich habe real existierendes Anschauungs-Genmaterial zu Hause: eine Tochter und einen Sohn. Die Tochter ist etwas älter und hat die Zeit genutzt, ihr Revier – das Kinderzimmer – ausgiebig zu markieren: rosa Bettwäsche, Puppen, Kuscheltiere, Kochgeschirr, »Hello Kitty«-Plakate, Lillifee-Accessoires und so weiter. Ein wahres Mädchenzimmer.

Dann kam der Junge. Bislang erträgt er klaglos das übliche Los kleinerer Geschwister, etwa, dass er die Sachen seiner Schwester auftragen muss. Denn warum die rosa Regenausrüstung, die nur viermal im Jahr angezogen wird, durch eine blaue ersetzen? Es handelt sich also um einen Jungen, der in einen Mädchenhaushalt hineingeboren wurde, mit Eltern, die keine übermäßigen Autofetischisten sind, sondern eher »Nutzfahrer«. Selbst der Autopapst verwickelte meinen Sohn in den ersten Lebensmonaten nicht in tiefschürfende Gespräche über die Schönheit diverser Autos. Aber das erste Wort, das dieser Junge sagte, war – »Dauto«!

Und damit nicht genug. Der Wortschatz wuchs rasant, und zwar um die Ausdrücke »Kacker« (Bagger), »Toja« (Motorrad) und »Müll« (Müllauto). Betrachtete man die Welt als Wimmelbild, so würde dieses Kind garantiert den irgendwo in einer Ecke stehenden Trecker entdecken: »Da – Mama – Tekka!«

Wie kann das sein? Woher kommt das? Wieso sagt der das? Ich habe keine Erklärung dafür und finde dieses Verhalten etwas erschreckend. In Selbsthilfegesprächsrunden zwischen Eltern auf dem Spielplatz wird gerne nach ausgiebiger Schilderung aller Einzelschicksale alles darauf zurückgeführt, dass Autoleidenschaft genetisch veranlagt sei. Mit dieser

Begründung kann ich wenig anfangen: Denn wie sollte es ein Auto-Gen geben, da weder laut christlicher Schöpfungs- noch laut Darwin'scher Evolutionslehre jemals Autos vorge- sehen waren. Wann soll sich dieses Gen gebildet haben? Und haben Jungs, die sich nicht für Autos interessieren, einen genetischen Defekt?

Aber was ist es dann? Sollte Autoleidenschaft bei Jungs also doch anerzogen sein? Dann frage ich mich, ob ich wo- möglich ein mir unbekanntes Doppelleben führe – denn ich kann mich, das beschwöre ich, an keine von mir vorgenom- mene spezielle Auto-Bagger-Müllauto-Trecker-Erziehung erinnern.

Oder ist mein Sohn einfach nur so schlicht wie alle Jungs? So oder so, bis auf weiteres führe ich Gespräche wie dieses:

»Mama – da – Dauto!«

»Ja.«

»Mama – da, da – Toja!«

»Ja.«

»Müll – Mama – da – Müll!«

»Ja.«

»Kacker – da!«

»Ja!«

Übrigens: Der Autopapst mag meinen Sohn …

Ja, das tut er. Eins ist aber auch klar: Zum Autopapst kann man nicht geboren werden – es gehört schon etwas Erziehung dazu. Und vor allem muss ein »Papst«, so wie der Kollege in Rom, männlich sein. Das mit der »Päpstin« hat schon damals nicht richtig geklappt. Und wenn ich gefragt werde, ob Frau Pantel denn mal »Autopäpstin« werden will, verneine ich das stets. Ich glaube nämlich nicht, dass sie so eine herausgehobene Position ausfüllen möchte. Andererseits wäre ich ohne sie wohl kaum der Autopapst, als der ich heute bekannt bin. Und da Patricia sowohl bei mir als auch bei ihrem Sohn erzieherisch tätig ist (was auf unterschiedlich fruchtbare Böden fällt ...), ist die Wahrscheinlichkeit hoch, dass sie eine Art »Papstmacherin« ist. Der kleine Pantel könnte also in der Tat eine große Zukunft in der Mobilitätsbranche vor sich haben.

Mein eigener Nachwuchs ist hingegen weiblich. Die Tochter des Autopapstes wächst natürlich zwischen Alufelgen im Flur, Reparaturhandbüchern auf dem Küchentisch und auf Montage-Rollbrettern auf (diese ganz flachen Liegen auf Rollen, mit denen man zum Schrauben unters Auto rollt ...). Das alles hat in ihrem bisherigen Leben leider noch zu keiner offensichtlichen Auto-Expertise geführt. Dafür hat sie aber bereits in jungen Jahren ein unerschütterliches Vertrauen in die automobiltechnische Kompetenz ihres Vaters entwickelt, die sie mit (zufällig?) gelernten Fachbegriffen abfordert – etwa dann, wenn Sie bei einem Turboladerschaden auf der A2 kurz vor Braunschweig nebst riesiger Wolke hinter dem Auto fragt: »Papa, hast du deinen Leatherman mit?« In ein paar Jahren wird dieser Frau keine Autowerkstatt etwas vormachen ...

Man merke sich also: Mindestens ebenso wichtig wie wahre (Auto-)Kompetenz ist die Tatsache, dass sie einem auch zugetraut wird. Damit verhält es sich ähnlich wie in allen Glaubensdingen: Der Mann auf der Kanzel hinter dem Werkstatttresen erzählt viel unglaubliches Zeug, aber der Kirchgänger Autofahrer glaubt ihm alles gern und zahlt leichten Herzens in den Klingelbeutel die Rechnung. Der Trick funktioniert sogar mit dem Ablasshandel, den die Umweltpolitik mit den bunten Plaketten für die Umweltzonen treibt: Sobald das Geld (für die Plakette) im Kasten (von Papa Staat) erklingt, der Feinstaub schnell zur Erde sinkt. Oder etwa nicht...?

Was bleibt unterm Strich? Autofahren ist eigentlich nur ein riesiger Irrtum ... Aber ein schöner.

Register